벼
감자
양파

핵심재배법
병해충방제

목차

I 벼

병해

해충

생리장애

목차

Ⅱ 감자

병해

해 충

생 리 장 애

목차

Ⅲ 양파

병해

백합과 채소 - 해 충

생 리 장 애

I

벼

[Asian rice]

외떡잎식물 벼목 화분과의 한해살이풀

쌀은 우리 민족의 주식으로서
이용되어 왔으며 그 밖에도
양조 · 제과 · 떡 · 공업용 녹말 등의
원료로 사용되어 왔다.

I 벼 [Rice]

학 명 *Oryza sativa L.*

식물학적 특성

벼는 외떡잎식물 벼과의 한해살이풀로 동남아시아가 원산지이다. 논이나 밭에 심는 식량작물로 전 세계 인구의 40%가 주식량으로 한다. 인도에서는 기원전 3800년경에 중국에서는 기원전 3000년경에 재배되었다고 하며 우리나라에서는 기원전 33년에 벼농사가 있었다는 기록이 있다. 초장은 80cm 에서 1m 정도이다. 4월 하순경 못자리를 설치하여 6월 중에 모를 심는다. 분얼기를 거쳐 8월 상 · 중순에 성숙하면 줄기 끝에 이삭이 나와 꽃이 핀 후 열매를 맺는다.

식품가치 및 이용

나락을 찧어 멥쌀은 밥을 지어 먹고 찹쌀은 술, 떡, 과자 엿 등의 원료로 한다. 볏짚은 가마니, 새끼 등의 짚 세공용, 제지원료, 섬유공업원료, 외양깃 등에 쓰인다. 왕겨는 전충(塡充)재료, 연료나 퇴비로 쓰인다. 쌀겨는 착유원료(함유율 15~20%), 사료, 비료 약용 등으로 이용된다.

주요 농작업

생육과정(주요농작업)

1월	2월	3월	4월	5월	6월	7월	8월	9월	10월	11월	12월
			모기를때								
				모내기때			이삭팰때	익음때	수확할때		
객토, 퇴비주기	토양 개량 제주기, 논갈이			밑거름		이삭거름				볏짚갈이, 논갈이	
					새끼칠거름						
				손 및 왕우렁이 투입							
		논물가두기		물깊이대기		중간 물떼기	물걸러대기	완전 물떼기			

병충해 방제

1월	2월	3월	4월	5월	6월	7월	8월	9월	10월	11월	12월
		종자소독		잎도열병, 벼물바구미, 애멸구, 끝동매미충, 이화명나방			잎도열병, 입잘무늬마름병, 이화명나방, 멸구류(흑명나방)				

기상재해 및 예상되는 문제점

1월	2월	3월	4월	5월	6월	7월	8월	9월	10월	11월	12월
가뭄 ···›			여름철 가뭄, 고온			장마					
침관수, 태풍 ···›				이삭수감소		이삭패기지연, 여뭄불량					
저온 ···›			모생육 부진	이삭수 감소	이삭패기지연, 벼알수감소		여뭄불량				

※ 농촌진흥청 농사로 인용

친환경재배 핵심기술

본답 준비 및 관리 (전년 9월~5월)

논갈이 및 객토 (전년10월~3월) 논갈이는 추수가 끝나고 빨리하는 것이 좋다(18cm정도의 심경) 점질 함량이 25% 이상인 붉은 산흙으로 객토함

유기물시용 (전년10월~4월) 적정 유기물 함량이 3~4% 되도록 함. 유기물 함량이 2.5% 이하인 논에 생산된 볏짚 전량을 주고 깊이 갈이 함

규산질비료 시용 (3월~4월) 규산 함량 130mg/kg 이하인 논이나 규산 시용이 4년 이상 경과한 논 및 객토지에 10a당 200kg 정도 시용

녹비작물 재배 (9월~익년 5월) 자운영 재배는 파종시기 8월 하순~9월 중순(벼 입모종 파종)이고 파종량은 3~4kg/10a 이다. 갈아엎는 시기는 5월 중순(개화최성기, 모내기 2주전)이다. 생초 예상 수확량은 1,500~2,500kg/10a(질소성분량:7.5kg/10a)이다. 헤어리베치 재배 파종시기는 입모중 파종(8월 하순~9월 중순) 로터리 후 산파(10월 상순~중순)이다. 파종량은 6~9kg/10a 이고 갈아엎는 시기는 5월 중순 (개화최성기, 모내기 2주전)이다. 생초 예상 수량은 2,500~3,500kg/10a 질소성분량(14.6kg/10a) 이다. 생초 수량이 2,500kg/10a 이상이면 질소 과잉으로 쓰러짐이 우려되므로 일부는 채취하여 가축 조사료로 이용한다.

종자 준비 및 소독

볍씨 준비 4kg 내외/10a 이다. 종자 선별은 소금물가리기(전년 11월~4월)하고, 소금 4.5kg를 물 18L에 녹여 비중이 1.15가 되도록 염도를 조절하거나 달걀을 띄워 달걀이 옆으로 눕도록 소금물 염도를 맞춘 소금물로 종자를 선별함

볍씨 소독 및 싹틔우기 4월 중순이고, 볍씨로 전염되는 도열병, 세균성벼알마름병, 키다리병, 벼잎선충 등을 사전 방제함. 온탕침지법은 정선된 볍씨를 냉수에 침종하지 않고 마른상태로 60℃ 온수에 10분간 또는 65℃ 온수에 7분간 담가 소독한다. 싹틔우기는 볍씨 소독이 끝나면 상온의 물에서 충분한 기간 동안 서서히 수분을 흡수(23%정도)시킨 다음 물에서 꺼내어 32℃ 온도에서 싹을 틔우되 볍씨가 비둘기 가슴처럼 되기(2mm)까지 하며 날씨가 추울 때는 싹과 뿌리가 나올 때까지 해야 좋다.

종자 준비 및 소독

모판 흙 준비 및 씨앗 넣기 4월 중~하순이고, 토양 산도가 4.5~5.5 정도의 흙을 1개월 전에 채토하되 풀씨가 없는 산흙을 이용하는 것이 좋다. 씨앗 넣는 시기는 모내기 전 30~35일 전이며 상자당 100g 내외로 드믈게 파종하여 건전한 묘를 육성함

논둑 만들기와 써레질 논둑 만들기는 30cm이상 논둑 조성하고, 써레질은 2회 실시하여 잡초를 조기에 발아시켜 제거한다. 1차 써레질은 모내기 15~20일 전에 하고, 2차 써레질은 모내기 3~5일 전에 한다.

본답 관리 및 수확

자운영 등 녹비를 토양에 환원할 때 자운영 1,700kg/10a에 주었을 때는 출수 25일 전 혼합유박 (4-2-1)50kg/10a 시용하며, 헤어리베찌 2,500kg/10a 주었을 때는 추비는 일절 금한다. 10a당 유기질비료(퇴비) 시용은 농업기술센터에서 발급한 시비처방서에 따라 시용한다.

모내기 모내는 시기는 6월1일~6월 20일 사이고, 재식밀도는 3.3m2당 50~60주를 심되 주당 본수는 3~4개로 한다.

물관리 초기 물 관리는 7~10cm이상 깊이 대주어 잡초 발아억제 함, 중간 물떼기는 이식 패기 40일전(7월 중~하순)에 7일 정도하며 논바닥에 작은 균열이 생기고 밟으면 가볍게 발 자욱이 날 정도로 한다. 완전 물 떼기는 이삭 팬 후 30~40일경 (모래 논은 수확 7일전)에 한다.

잡초관리 기술 왕우렁이를 이용한 잡초 방제법은 왕우렁이 투입시기를 모낸 후 5~7일 이내에 중패(250~300개/kg)3kg/10a당 또는 정지작업 후 치패(약2,000개/kg)1kg/10a를 투입한다.

수확 후 관리 수확 적기는 한 이삭에서 벼알이 90%이상 익을 때 이고, 수확 후 관리는 저장 시 수분함량은 15% 이하로 하고 저장온도는 15℃, 습도는 70% 이하로 한다.

벼 병해

[Disease]

01 벼 줄무늬잎마름병
(縞葉枯病 Rice stripe)

병징 이 병은 본 논 초기부터 발생하는데 특히 분얼성기에 많이 발생한다. 병든 벼는 새 잎이 나올 때 잎이 펴지지 않고 돌돌 말린 채로 비틀리며 활모양으로 늘어지고 결국에는 말라죽는다. 이미 나온 잎은 황록색 또는 황백색의 줄무늬가 생긴다. 수잉기에 발생하면 잎에 황백색의 줄무늬가 나타날 뿐 심엽(心葉)이 말라죽는 경우가 없고 이삭은 패다 말거나 또는 팬 이삭일지라도 기형이 되거나 여물지 않는다.

생태 병원체는 Rice stripe virus(RSV) 이며 병원 바이러스 입자는 가지를 친 실 모양으로 크기는 400~8㎚이다. 기주식물은 벼, 보리, 밀, 귀리, 호밀, 조, 옥수수, 기장, 목초, 바랭이 등 30여종 이다. 이 바이러스는 애멸구에 의하여 영속적으로 매개되며 기계적 전염이나 종자, 토양, 등에 의한 전염은 일어나지 않는다. 보독충은 애멸구에 의하여 경란 전염되며 보독식물로 20여종이 알려져 있다. 보독충은 논두렁의 잡초, 밀, 보리밭, 자운영 밭 등에서 약충으로 월동하고 봄에 못자리에 날아와 바이러스를 매개한다.

방제 본 논 초기에 살충제를 뿌려 애멸구를 구제한다. 초기감염에 의하여 병든 벼는 곧 제거하고 건전모를 보식한다. 질소비료의 과다한 사용을 피하고 특히 조기, 조식재배에서 피해가 많으므로 모심는 시기를 늦춘다. 모내기 할 때는 1본식을 하지 않아야 한다. 낙동벼 등의 이 병에 저항성품종을 심는 것이 가장 좋은 방제법이다.

02 벼 오갈병

(萎縮病 Rice dwarf)

병징 이 병은 대체로 모 심은 후 본 논에서 발생한다. 잎에 진한 녹색을 띠며 잎맥을 따라서 많은 흰빛의 작은 반점이 나타난다. 병든 벼는 생장이 아주 나빠 이삭이 팰 때가 되어도 초장이 건전한 벼의 절반 정도 밖에 안되며 분얼이 퍽 많아져 뭉툭하게 (부채살 모양) 보인다. 본 논 초기에 감염된 것은 거의 패지 않거나 패더라도 벼알은 거의 여물지 못한다. 전신성 병이기 때문에 한 개의 모가 병에 걸리면 거기에서 나온 새끼는 모두 발병하게 된다. 병든 식물의 엽육조직 세포에서는 다수의 X-체가 관찰된다.

생태 병원체는 Rice dwarf virus (RDV) 이며 리보핵산 함유 바이러스로 지름 70nm의 구형입자 이다. 이 바이러스는 끝동매미충과 번개매미충에 의해서 매개되며 기계적 전염이나 종자, 토양 등에 의한 전염은 일어나지 않는다. 매개충이 병든 묘에서 바이러스를 획득하는데 소요되는 시간은 약 1일간이며 12~25일간의 매개충 안에서의 잠복기를 거쳐서 전염능력을 갖게 된다. 이러한 보독충이 건전모를 30분~1시간 흡즙하면 바이러스를 매개한다. 이 바이러스는 끝동매미충에 의해 경란 전염되며 보독충 체내에서 월동하여 다음해에 제1차 전염원이 된다. 보독충은 자운영, 밀, 보리 등의 월동 작물이나 논둑의 잡초 등에서 약충 또는 어른벌레로 월동을 하고 봄에 못자리로 날아 들어와서 바이러스를 옮긴다.

방제 겨울 동안 또는 이른 봄에 논두렁의 잡초를 태워 보독식물과 월동충을 죽인다. 자운영 밭에는 끝동매미충이 많으니 그 가까이에 못자리를 만들지 않도록 한다. 절간생장기 이후에는 감염 하더라도 거의 피해가 없으며 못자리 때부터 본 논 초기에 감염하면 피해가 크니 이 시기에 살충제를 뿌려 매개충을 철저히 구제한다. 병든 벼는 발견 즉시 제거하고 건전모를 보식한다.

03 벼 검은줄오갈병
(黑條萎縮病 Black-streaked dwarf)

병징 이 병은 1973년 경북 선산지방에서 처음으로 발견되어 1975년 검은줄오갈병으로 확인된 후 남부지방은 물론 중부지방까지 확산되어 피해를 주었으며 남부 이모작 지대에서 피해가 심했다. 병든 식물체의 초기 증상은 잎의 색깔이 짙고 초장이 짧아지고 위축증상을 보인다. 출수기에는 잎 뒷면의 엽맥 부분과 줄기에 백색의 돌기가 생기고 진전되면 갈색 또는 흑색으로 변한다. 생육초에 감염되면 출수가 거의 되지 않고 후기에 감염되면 출수는 하지만 이삭이 충실치 못한다. 이 병은 전 생육기간을 통하여 감염하나 감염률이 가장 높은 시기는 이앙 후 11~20일(6월5~15일) 사이였으며 이 기간은 애멸구의 제2화기 발생성충의 본답 비래시기와 밀접한 관계가 있는 것으로 생각되었다. 청청 벼에서 이병에 걸린 벼가 정상적인 벼 보다 10% 위축되면 수량이 30%이상 감수하였고 20%이상 위축일 때는 60%정도 감수하는 경향이었다.

생태 병원체는 Rice black-streaked dwaf virus (RBSDA) 로 레오비리대 그룹에 속하는 구형바이러스이다. 매개충인 애멸구와 번개멸구 등에 의하여 주로 옮기며 전염경로는 먼저 병 걸린 벼로부터 5세대 애멸구 약충이 바이러스를 획득하여 가을에 보리에 감염시키거나 월동 후 애멸구가 3~4월에 이동하여 보리에 감염 발병시켜서 중간 전염원이 된다. 또한 월동 애멸구 성충에 의하여 산란된 알이 부화 후 약충이 되어 보리에 병이 걸린 그루로부터 바이러스를 획득한 다음 보독충이 되어 묘판 말기나 본 논 전기에 벼에 비래하여 감염시키기도 한다. 이 때문에 그 해의 이 병에 대한 피해정도는 월동 애멸구량과 보독충율이 크게 좌우한다고 볼 수 있다. 기주식물로는 화본과 작물로서 벼, 보리, 밀 등 25종이며 잡초에서는 돌피, 바랭이 등이 있다. 1줄기의 벼가 이 병에 감염되면 거기에서 분얼한 모든 줄기는 이 병에 걸리게 되지만 모를 심을 때 4~5본을 심는 관계로 전체가 다 걸리는 경우는 발생이 심한 지역이나 심한 해를 제외하고는 드문 일이다.

방제 저항성 품종을 재배하고 논에 잡초를 제거하기 위하여 이른 봄에 논을 갈도록 한다. 또한 매년 발생하는 지역에서는 밀, 보리 등의 재배를 피하고 병든 식물체는 발견 즉시 제거한다. 잡초가 많은 논둑 또는 보리밭 근처에 모판 설치를 금하고 매개충인 애멸구를 철저히 방제한다.

04 벼 그래시위축병

(Grassy stunt)

병징 처음에는 위쪽 잎이 누런 녹색~붉은기 도는 누런색이 되고, 그 잎의 일부가 갈색으로 변하여 더러운 얼룩이 된다. 그 위쪽 잎은 약간 퇴색해서 누런 녹색으로 보인다. 초장은 짧아지고 그루터기에서 이상분얼이 생긴다. 이삭이 나오는 시기에는 열매 여물기가 나빠지고 갈색 내지 검은 갈색의 이삭이 생긴다. 또한 품종에 따라 병징에 차이가 있다.

생태 벼그래시위축바이러스 Rice grassy stunt tenuivirus (RGSV) 바이러스 입자는 폭 6~8nm, 길이 200~2,400nm의 고리모양으로 된 사상(糸状)이다.

방제 RGSV는 벼멸구에 의해서 매개된다. 매개충 몸속에 바이러스의 잠복기는 1주일 전후이며, 영속적으로 매개한다. 초기감염은 장마철의 습윤하고 온난한 남서풍을 타고 날아오는 멸구에 의해서 일어나고 2~3주 후에 발병한다. 이 발병포기가 전염원이 되어 급속히 증식하는 멸구에 의해서 2차 전염이 일어나고 주변의 포기에 감염이 확산된다.

05 벼 래기드위축병
(Ragged stunt)

병징 포기가 위축되고 잎의 뒷면 및 잎집의 잎맥이 약간 솟아올라서 우윳빛, 회백색, 검은 갈색의 짧은 줄무늬가 생긴다. 줄기에서는 줄무늬가 눈에 띄지 않는다. 잎은 짙은 녹색으로 울퉁불퉁하게 되고, 잎몸 및 잎끝이 뒤틀린다. 초장의 짧아지는 정도는 품종에 따라서 차이가 있다. 이삭은 나오지만 열매 여물기는 불량해진다.

생태 벼래기드위축바이러스 Rice ragged stunt reovirus (RRSV) 바이러스 입자는 지름 65nm(절편)의 공 모양, 내열한계 60℃ 이하, 희석한계 10^{-5}이다.

방제 RRSV는 벼멸구에 의해서 매개된다. 바이러스의 충 체내 잠복기는 1주일 전후, 영속적으로 매개한다. 초기감염은 장마철 해외에서 날아온 보독 충에 의해서 일어나고 3~4주 후에 발병한다. 이 발병 포기가 전염원이 되고 가을까지 1회 감염이 일어나는 것으로 보인다.

06 벼 퉁그로바이러스병

(Waika)

병징 분얼기의 중간 잎에 일시적으로 갈색 얼룩무늬가 나타나며 잎 끝이 말리고, 잎몸의 경사각이 증가하며 새잎에서는 잎집 신장이 억제된다. 일반적으로는 8월 중순경, 맨 끝 잎부터 2, 3번째의 잎몸에 비료조각 모양의 가벼운 황화가 생긴다. 초장은 신장 불량 상태가 되어서 편평해 보인다. 출수기에 이삭의 높이가 다소 낮아져서 발병 포기는 주로 편평한 모양으로 발생한다. 심하게 발생할 때에는 밭 전체가 울퉁불퉁한 모양이 된다.

생태 벼퉁그로바이러스 Rice tungro spherical seguivirus (RTSV) 본 병은 동남아시아에 분포하는 tungro병 중의 공 모양 입자에 의한 감염이다. 바이러스 입자는 지름 약 30nm의 공 모양이다.

방제 끝동매미충, 두점끝동매미충 등에 의해서 반 영속적으로 매개된다. 매개체는 감염된 벼의 즙을 빨아들인 직후에 일어나고 매개지속 기간은 1일이며, 2일에 이르는 것은 드물다. 월동한 감염 그루터기에서 자라 나온 싹이 1차 전염원이 되고 1세대 매개충은 여기서 획득한 바이러스를 육묘기 또는 모내기가 빠른 논의 벼에 매개한다. 이것에 의해서 감염이 일어나면 그 감염 포기가 전염원이 되고 2, 3세대 매개충의 밀도 증가와 함께 주변 포기에 감염이 확산된다.

07 벼 내영갈변병

(內穎褐變病 Bacterial palea browning)

▲ 내영갈변립

병징 이 병의 발생 특징은 발생초기에 벼알의 속껍질이 갈색으로 변하며 그 후에 2차 기생균에 의하여 벼알 전체가 갈색으로 변하는 것도 볼 수 있다. 발생 벼알 비율은 발생이 많을 경우에는 30%를 넘는 경우도 있으나 평균 15~25%이다. 현미의 증상은 건전한 것에 비하여 크기가 좀 작고 전체가 오렌지색에서 담갈색을 띤다. 1000알 무게는 건전에 비교하여 30~40%정도 가벼워서 벼알의 충실도가 떨어진다. 주된 피해는 쇄미 (碎米)에 의한 수량의 감소이다. 본 세균은 벼의 어느 부분에든 항상 존재하여 이삭이 나오는 시기에 비가 계속내리면 벼(낟알)를 감염한다.

생태 병원세균은 *Puntoea herbicola* 로 본래 병원성이 약한 균이지만 이상고온 등에 의하여 침입이 조장된다. 병원균은 벼의 고사 조직에서 증식을 반복하여 최종적으로 개화기의 벼알에 도달하는 것으로 생각된다. 이 병의 감염 시기는 출수, 개화기이며 개화전의 약(葯)에는 감염되지 않는 점이 세균성벼알마름병과는 다르다. 또한 출수기부터 수전기의 고온 다습, 강우에 의하여 약(葯)의 병원세균의 증식을 활발하게 하여 이병을 조장하기도 한다. 이 병은 종자전염성 병이며 끝동매미충에 의하여 전염된다는 보고가 있다. 질소질 비료의 시용량이 많았을 때 발생이 많은 경향이었다.

방제 방제 대상의 병해는 아니지만 출수기의 기상환경이 발병에 좋은 조건일 때는 목도열병 방제와 동시방제로 가스가민제를 뿌린다.

08 벼 흰잎마름병

(白葉枯病 Bacterial leaf blight)

병징 생육 기간 중 언제나 발병하지만 특히 벼의 출수기를 전후하여 발병 최성기를 이루며 태풍이나 홍수가 지나간 후에는 반드시 이 병의 피해를 입게 된다. 어린잎에 발생했을 때는 잎이 세로로 말려들어 얼마 후에 죽어버리며 또한 감수성이 높은 품종에서는 모낸 후부터 분얼최성기까지의 벼가 누런빛을 띠면서 갑자기 말라죽는 급성형 병징(Kresek)이 나타나기도 한다. 분얼최성기 이후 성숙된 잎에 나타난 병증상은 잎의 가장자리로부터 5~6㎝ 아래쪽으로 잎맥을 따라 누런색의 줄무늬가 생기고 진전됨에 따라 흰빛 또는 회백색으로 변하여 말라죽는다. 오래된 병무늬 위에서는 쉽게 세균누출을 관찰할 수 있다. 잎에서의 발병은 아랫잎에서 위쪽 잎으로 진전 되므로 초기 발병을 예찰하기 위해서는 벼를 헤쳐보아야 한다..

생태 병원균은 *Xanthomonas oryzae* 이며 그람음성의 호기성 세균으로 단극모를 가지고 있고 막대모양이다. 몇 가지 판별품종에 따라 Ⅰ-Ⅴ 군의 병원균형으로 나누고 있으며 그중에서 Ⅰ군의 분포가 가장 많으며. 병원세균의 생육 최적온도는 26~30℃ 이다. 병원세균은 수로나 저수지에 흔히 볼 수 있는 잡초 중에 겨풀, 나도겨풀의 근권이나 병든 볏짚에서 월동한다. 월동한 병원 세균들이 1차 전염원이 되어 논물에 유입된 후에 수면에 접촉된 벼 잎의 기공으로 침입하여 병무늬를 형성하게 된다. 병무늬에서 증식된 병원세균이 2차 전염원이 되어 논물 속으로 배출되거나 직접 병무늬와 건전한 벼 조직의 접촉에 의하여 전염된다. 7월 평균기온이 22~24℃로 저온일 때, 7월의 강수량이 200㎜ 이상으로 많은 비가 올 때, 15m/sec 이상의 강풍이 불 때 이 병의 발생이 심하다. 모판이나 본 논에서 질소비료를 많이 주게 되면 벼가 감수성으로 되어 이 병의 발병을 촉진시킨다.

방제 저수지나 관개수로에 기주식물인 겨풀이나 나도겨풀이 자생하고 있을 경우에는 사전에 제거한다. 질소비료의 과다 사용을 피하고 퇴비를 많이 사용함으로써 벼의 균형 잡힌 생육을 꾀해야한다. 홍수 때 벼가 물에 잠기지 않게 하고 만약 잠기게 되면 최대한 빨리 물을 빼주어 침수시간을 짧게 해준다. 상습 발병지나 발병이 우려되는 지역에서는 저항성 품종을 심는다. 세균성 병의 약제 방제효과는 곰팡이병의 방제효과에 비교하면 떨어지는 편이나 발병 초기의 방제효과는 크므로 약제를 살포하되 환경요인, 감수성 품종, 박테리오파지법 등으로 발생예찰을 철저히 해서 그 시기를 결정해야한다.

09 벼 세균성벼알마름병

(籾枯性細菌病 Bacterial grain rot)

이 병은 1955년 일본 후쿠오카 현에서 처음으로 발생이 확인된 이래 대만, 태국, 말레이시아 및 스리랑카 등의 아시아 지역의 미작지대와 남미에서 보고되었으며 우리나라에서는 1986년 이 병의 발생이 처음으로 보고된 이래 전국적으로 확산 발병하고 있다.

병징 종자전염성 병으로 육묘시의 묘 부패와 본 논에서의 벼알마름 증상으로 나타난다. 주로 벼 알에 발생하나 엽초에도 병징이 보인다. 벼알은 기부부터 황백색으로 변색되며 포장에서 일찍 감염된 이삭은 전체가 엷은 붉은색을 띠고 고개를 숙이지 못하고 꼿꼿이 서 있으며 벼알은 배의 발육이 정지되고 쭉정이가 된다. 후기감염의 경우 사미(死米)나 불완전립이 되며 이들 불완전립이나 사미에는 건전부와 병환부 경계에 갈색의 가로 또는 대각선 띠가 생기는데 이 줄이 이 병 진단의 중요한 지표가 된다. 감염된 종자를 파종 하면 발아하지 못하거나 부패되며 감염 정도가 경미한 종자에서 발아한 모는 잎이 전개되지 못 하거나 엽초가 갈변되며 생장이 나빠 고사한다.

▲ 세균성벼알마름병에 의한 묘부패병

▲ 세균성벼알마름병 병립

생태 병원균은 *Burkholderia glumae* 로 막대모양의 그람음성 세균으로 최적 생장온도는 30~35℃로 다른 식물 병원세균보다 비교적 고온에서 잘 자란다. 이 병원균은 종자에서 월동하며 침종 시 건전 종자로 전염되며 짚 등에서 월동하여 다음해 포장의 전염원이 된다. 모판에서 고온다습하면 병 걸린 종자로부터 유묘 부패현상을 일으킨다. 본 논에서는 외견상 건전한 상태로 병원균이 엽초 등에서 잠복하다가 출수기에 발병에 좋은 조건이 되면 벼알에 침입한다. 본 논에서는 출수 2일 후에 초기 병징이 발현되어 점차 진전되어 출수 후 2~3주에 발병 최성기가 된다. 일반적으로 출수 전후 1주일간의 최저기온이 23℃이고 강우기간이 3일 이상의 고온다습의 기상환경에서 발병이 잘된다. 우리나라의 벼 품종 간에 저항성의 차이는 알려지지 않았다.

방제 볍씨는 반드시 건전한 곳에서 채종한 종자를 사용하여야 한다. 발병포장에서 채종한 종자는 외견상 건전한 것 같이 보여도 병원균이 잠복해 있는 경우가 많으므로 철저한 종자 소독이 필요하다. 최아 및 육묘관리는 병원균의 최적 생장온도(30~35℃)를 피해 관리하고 병 걸린 묘는 빨리 제거한다.

10 벼 도열병
(稻熱病 Blast)

이 병은 우리나라에서 벼의 병해 가운데 가장 무서운 병해로 벼의 전 생육기를 통하여 잎, 마디, 이삭 목, 이삭가지, 벼알 등에 발생하여 큰 피해를 준다.

병징

모도열병 못자리 때나 본 논 초기 보식용 모춤에서 발생한다. 전년도 감염종자를 종자소독이 되지 않은 상태에서 파종했을 때 종자가 발아하면서 싹의 기부나 중앙부위에서 갈색의 병무늬가 나타나 말라죽게 된다. 5월 초순~하순에 고온 다습한 환경조건에서 병이 빠른 속도로 진전되기 쉽다.

잎 도열병 잎에는 암녹갈색의 작은 병무늬가 생겨 진전되면 장방추형으로 되며 서로 합쳐져서 불규칙한 병무늬가 된다. 병무늬색은 회녹색에서 회갈색이 되고 오래되면 병징 가운데 회백색 테두리는 갈색으로 된다. 잎도열병의 병무늬는 갈점(褐點)형 내지 백점(白點)형(저항성), 급성(急性)형, 만성(慢性)형이 있으며 그 가운데 급성형 병무늬는 장마철에 많이 나타나며 방추형으로 회백색을 보인다. 이 급성형 병무늬는 한개의 병무늬에서 수많은 포자를 형성하며 한세대가 매우 짧아 병 진전이 아주 빠른 위험한 병무늬이다. 발병이 심할 때는 온 포기가 자라지 않고 주저앉는다(座地)

이삭도열병 목도열병 및 벼알, 가지도열병을 포함하는데 그중 목도열병이 가장 치명적이다. 삭목이 도열병균의 침입을 받으면 양분과 수분이 공급되지 않아 침해를 받은 위쪽은 말라버려 벼알이 불임(不姙)이거나 쭉정이가 되며 이삭전체가 하얗게 말라버린다. 가지나 벼알이 침해를 받으면 부분적으로 병징을 보여 회백색이나 갈색의 포자가 둘러 싸여 있는 것을 볼 수 있다.

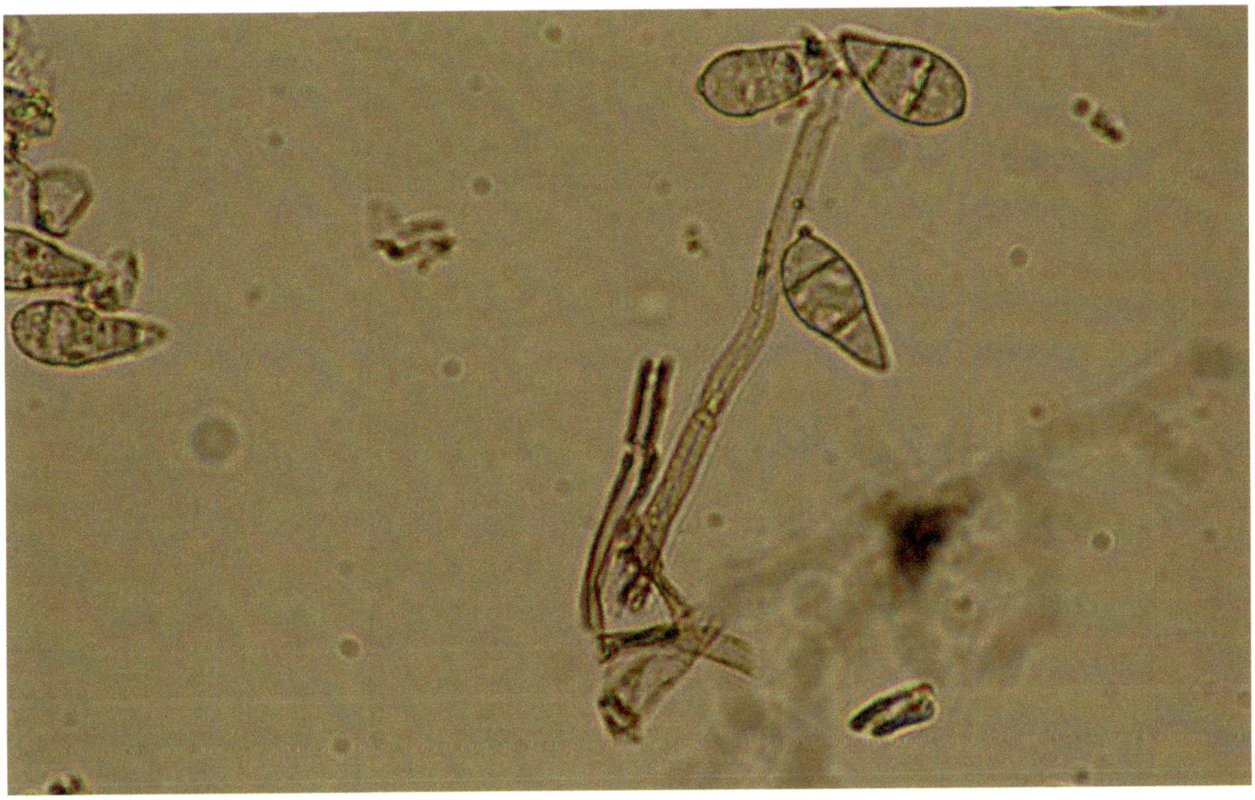

▲ 도열병분생포자

생태 병원균은 *Magnaporthe grisea. Pyricularia grisea* 로 진균계의 자낭균문에 속하며 주로 분생포자로 존재한다. 무색에 가까운 분생 포자는 서양배 모양으로 2개의 격막을 가지고 있다. 이 병원균은 볏짚 또는 볍씨의 병든 부위에서 균사 또는 분생포자 상태로 월동하여 다음해 1차 전염원이 되며, 1차 전염원에 의하여 형성된 병무늬에서 많은 분생포자가 형성하여 바람에 날려 새로운 기주에 도착 한다. 기주에 도착한 병원균은 벼잎이 젖은 상태의 수분이 있으면 발아관을 내고 다시 부착기를 형성하여 각피 또는 기공을 통하여 침입 병을 일으킨다. 병원균의 균사 발육온도는 25~28℃이고 침입에 소요되는 시간은 24℃에서 6시간 28℃에서는 8시간 정도이다. 이 병원균의 1세대를 경과하는 데는 빠르면 4~5일 늦으면 7~8걸리며 벼농사 기간에 8~11회 정도의 불완전 세대를 경과한다. 병원균은 많은 레이스(병원형)들이 분화되어 있어 품종에 따라 발병정도가 매우 다르다. 이 병의 발병조건은 비가 자주 오고 일조가 부족하며 냉량(冷凉)하고 음습한 일기가 계속될 때, 토양의 온도가 낮고 토양수분 함량이 적으며 질소질 비료를 과다 사용했을 때, 밀식 재배로 통풍이 불량하고 이앙기가 늦었을 때 병 발생이 많다

방제 도열병균은 균사 상태로 벼알에서 월동하므로 건전종자를 선별하고 종자를 소독하여 파종한다. 재배시기 및 재식밀도를 조절하고 질소질 비료의 과다 사용을 피하고 균형시비를 하여 튼튼한 벼가 되도록 관리한다. 재배될 포장 내에 찬물이 나거나 들어오면 냉 도열병이 걸리기 쉬우니 물 관리에 주의한다. 유묘기에 병 걸린 모나 보식하기 위하여 논이나 논둑에 둔 모춤은 제거하여 전염원을 줄인다. 발병 상습지에는 저항성 품종을 선택하여 재배한다.

벼 도열병

11 벼 키다리병

(馬鹿苗病 Bakanae disease)

키다리병은 종자전염을 하는 병으로 벼를 재배 하는 모든 나라에서 발생하고 있으며 발생정도는 지역, 품종, 재배양식, 종자소독 여부에 따라 다르다.

병징 못자리 때부터 이삭이 나올 때까지 발생한다. 병든 모든 잎이 엷은 녹색을 띠며 가늘고 길게 자라서 건전한 것의 2배에 달할 때가 있다. 때로는 발아 후 곧 말라죽는다. 병든 식물은 거의 이삭이 나오지 못하고 말라죽는데, 이삭이 나와도 여물지 못한다. 생장한 벼는 분얼이 적고 마디는 담갈색으로 변하며 위쪽 마디에서 뿌리가 나온다. 이와 같은 것은 8월에 들어서서 잎집에 분홍색 곰팡이와 남흑색의 자낭각이 생긴다.

생태 병원균은 *Gibberella fujikuroi* (*Fusarium moniliforme*) 이며 대형 및 소형 분생포자와 자낭각을 형성한다. 대형분생 포자는 초승달 모양으로 보통 3~5개의 격막을 가지고 있다. 발병 최적온도는 35℃이며 균사 발육 최적온도는 27~30℃이다. 벼가 도장하는 것은 이 병원균이 분비하는 대사물질인 지베렐린의 작용이다. 분생포자는 종자에 붙어서 2년간 살 수 있으며 종자가 발아할 때 상처를 통해서 어린 조직에 침입한다. 벼가 꽃필 때 날아온 분생포자는 벼알 속에 침입하거나 종자 표면에 붙어서 월동한다. 이 병은 고온성 병해로 30℃ 이상의 고온에서 잘 발생한다. 꽃필 때에 감염된 종자를 파종하면 심하게 병걸린 종자는 발아 시 고사되고 중간정도 감염된 종자는 키다리 증상을 나타낸다. 경미하게 감염된 종자는 발아해서 어느 정도 생육하며 생육도중에 발병환경이 좋으면 도관 내에 병원균이 무수히 형성되고 밖으로 누출되어 흰가루 모양의 분생자가 무수히 형성되며 이 포자가 이삭이 나올 때 벼알에 감염되어 다음해의 제1차 전염원이 된다.

방제 이 병에 걸리지 않은 포장에서 채종한 종자를 사용하며 종자로 사용할 볍씨는 기계 탈곡을 금한다. 종자소독은 냉온탕침지법(58℃에서 1~2 시간)이나 열탕소독(60℃에서 10분간)한다. 본 논 초기에 키다리병에 걸린 포기는 발견 즉시 뽑아버린다.

12 벼 잎집무늬마름병

(紋枯病 Sheath blight)

초여름부터 발생하기 시작하여 8월에 들어 고온 다습할 때에 많이 발생하는 병으로 벼, 피, 조, 옥수수, 기장, 콩 등의 21과 100여종에 발생하는 다범성 병이다.

병징 잎집에서 타원형 내지 부정형의 반점 혹은 얼룩무늬 증상으로 나타나며 병무늬의 가장자리는 갈색 내지 암갈색을 띠고 내부는 회색 내지 담황색을 띤다. 병이 심하게 진전되면 끝 잎, 이삭에도 발생한다. 오래된 병무늬에서는 구형 내지 편구형의 균핵이 형성되며 심하게 병든 잎과 잎집은 말라죽는다. 이 병에 대한 피해는 주로 등숙장애와 천알무게의 감소로 나타나는데 일반적으로 끝잎이나 엽초까지 발병한 경우 40~50%, 13잎까지 발병할 경우 15~20% 감수된다.

생태 병원균은 *Thanatephorus cucumeris* (*Rhizoctonia solani*) 이며 진균계의 담자균문에 속하며 담자기와 담자포자를 형성한다. 이 균의 무성세대는 분생포자를 형성하지 않으며 균사가 자라는데 균사의 분기점이 약간 잘록하고 이로부터 가까운 곳에서 격막이 형성되는 특징이 있다. 균사가 많이 자라 뭉치게 되면 구형 내지 편구형의 딱딱한 균핵으로 변한다. 병원균은 병든 식물체의 표면이나 토양 속에서 균사 또는 균핵의 형태로 존재하며 균핵은 월동 후 논의 써레질에 의해 물 표면에 떠오르게 된다. 떠오른 균핵은 이앙 후 벼가 자라는 동안에 수면부위의 벼 잎집의 조직 속으로 침입하게 된다. 6~7월에 식물체의 잎집 아래 부위에서부터 발병되기 시작하여 수확기까지 식물체의 위쪽으로 계속 진전되며 고온다습하고 질소질 비료를 많이 사용하게 되면 발생이 심해진다. 이 병의 발병 최적조건은 30~32℃, 상대습도 96% 이상의 고온다습을 좋아하여 장마가 끝나고 기온이 급상승하는 7월 말에서 8월 사이에 병의 진전이 빠르다. 이병에 저항성품종은 없으며 7월 말에서 8월 초에 출수하는 이른 품종에서 피해가 크다. 또한 분얼이 적고, 키가 큰 품종은 분얼이 많고 키가 작은 품종에 비하여 피해가 적다.

방제 써레질 후 논 한쪽에 몰려서 떠있는 균핵을 걷어 땅속에 묻어 제1차 전염원을 줄임으로써 초기 발병을 억제한다. 질소질 비료의 지나친 과다 사용과 밀식을 피하여 벼의 튼튼한 생육을 기하여야한다. 이앙시기를 늦추거나 중만생종을 심어 생육후기에 고온 조건을 회피함으로써 피해를 줄일 수 있다. 이 병에 대한 약제방제 효과는 진균병 가운데서 가장 뚜렷하다. 이병의 방제 시기는 병든 줄기율이 20% 정도 되는 시기이나 그 해의 기상이나 병 발생 예찰정보에 유의하여 포장을 잘 살펴서 출수 이전에는 방제를 마치도록 한다.

13 벼 깨씨무늬병
(胡麻葉枯病 Brown spot)

병징 잎, 잎집, 이삭줄기, 이삭목, 이삭가지, 벼 알에 발생하나 주로 잎에 많이 발생한다. 깨알같이 작은 암갈색 타원형의 병반이 무수히 형성되어 잎의 초기 병무늬는 주위에 황색의 중독부를 가지고 시간이 지나면 원형의 큰 무늬로 둘레무늬가 있다. 병무늬가 깨알같이 작고 괴사선이 없는 점이 도열병과 다르다. 어린모에 발생하면 초엽이 암갈색으로 변하고 줄무늬 병무늬를 만들며 모의 생육을 저해시킨다. 벼알에는 암갈색의 반점으로 되고 후에는 회백색 붕괴부를 형성하며 벼 알 전체가 갈변하는 일도 있다.

생태 병원균은 *Cochliobolus miyabeanus* (*Bipolaris oryzae*) 이며 진균계의 자낭균문에 속하며 벼를 비롯하여 보리, 옥수수, 수수 등 각종의 벼 과식물에 발생한다. 병원균의 분생포자는 암갈색 방추형이며 6~11개의 격막을 갖고 있다. 발육한계 온도는 2~41℃이며 최적온도는 25~30℃이다. 병든 볏짚, 볍씨에서 분생포자나 균사로 월동하며 먼저 모의 각피 또는 기공으로 침입하여 잎, 벼 알 등에 병무늬를 형성한다. 대표적인 종자 전염성 병해로 노후화된 논에서는 양분의 흡수가 저해되어 병 발생을 많게 하며 규산은 병원균의 침입을 억제시킨다. 벼이삭이 나올 때의 고온과 저녁의 저온, 잦은 비가 지속되면 병 발생이 많아진다. 모래땅이나 유기물이 적은 노후화 된 논이나 염해 논에서 발생이 많다.

방제 종자는 반드시 병 걸리지 않은 건전 포장에서 채종한 종자를 사용하고 못자리나 육묘상에서 병에 걸린 모는 발견되는 대로 제거하고 발병 포장은 수확 후 볏짚을 태우거나 땅속에 묻어 1차 전염원을 제거한다. 객토, 퇴비의 시용으로 토양을 개량해서 비료성분을 갖는 힘을 높여 벼의 후기까지 생육이 튼실하게 하여 발병이 적게 한다. 또한 비료를 나누어 주고 깊이갈이하여 비료를 장기간 안정하게 흡수하도록 한다.

14 벼 이삭누룩병

(稻麴病 False smut)

병징 본 병은 벼알에 발생하며 벼알의 껍질이 약간 열리고 황록색의 돌출물이 보이며 표면에 가루모양의 후막포자가 생긴다. 탈곡하면 후막포자의 가루가 정상적인 벼알에 묻어 벼알 전체가 색택이 좋지 않아 품질을 저하시킨다.

생태 병원균은 *Ustilaginoidea virens* 로 진균계의 자낭균문에 속하며 균사, 후막포자, 분생포자, 분생자병, 균핵 및 자실체를 형성한다. 후막포자는 원형의 단세포로 표면에 작은 돌기를 형성한다. 병 걸린 벼알에서는 균핵이 형성되기도 하는데 미숙한 균핵은 흰색으로 속에 매몰되어 있으나 성숙한 균핵은 흑색을 띠는 쥐똥모양으로 된다. 균핵은 발아하여 자실체를 형성하며 자낭과 자낭포자를 형성한다. 후막포자는 발아하여 무색, 원형의 분생포자를 형성한다. 병원균은 균핵 또는 후막포자의 형태로 월동하여 1차 전염원이 된다. 병 걸린 벼알에 형성된 균핵은 땅속에서 월동하여 다음해 7~8월경 발아하고 자실체를 형성하여 자낭포자가 날아가 수잉기의 엽초에 부착 발병하는 것으로 알려져 있다. 이 병의 기주식물 로는 벼, 옥수수, 야생벼 등이며 낮은 온도와 높은 습도 또는 강우가 발병에 미치는 영향이 큰 것으로 알려져 있다. 질소질 비료의 과다 사용, 산간지등 일조부족 포장, 늦은 품종 혹은 이앙이 늦은 경우 병 발생이 많아진다.

방제 발병되지 않은 건전포장의 종자를 사용한다. 질소질 비료의 과다 사용을 피하고 규산질비료를 사용한다. 발생상습지는 이른 품종을 재배하여 병 발생을 회피한다.

15 벼 모썩음병

(苗腐病 Seed and seeding rot)

병징 볍씨나 모에 발생하는데 초기에 감염되면 젤라틴 같은 흰 점질액이 생기어 발아하지 못하고 썩는다. 발병된 모에는 볍씨가 붙어있는 부분에 다발 모양으로 흰색의 면모가 생기며 때로는 모가 부패하지만 그대로 자란 모는 생육이 매우 나쁘고 황백색이 된다. 이 병원균은 논 속에 있는 유기물에 붙어서 잘 번식하는데 못자리의 수온이 낮아져 볍씨의 발아나 모의 생장이 늦어질 때 볍씨에서 번식하게 되며 특히 상처가 있는 볍씨가 피해를 입기 쉽다.

생태 병원균은 *Pythium, Achlya, Dactyucus* 3종이며 이들 병원균은 파종시 싹티움 정도나 논의 불량환경으로 모가 연약하게 자랐을 때 발병이 심하게 나타난다. 병원균의 분리빈도가 높은 피지움균은 둥그런 유주자의 주머니로부터 형성된 2개의 편모를 가진 유주자가 식물체에 침입한다. 파종 후 논물의 온도가 24℃ 이상일 때는 발병이 현저히 줄어드나 논물 온도가 15℃ 이하일 때 특히 볍씨의 발아 최저온도(13℃)에서 가장 잘 볍씨를 침해한다. 또한 담수 표면산파 보다는 무논골뿌림 재배일 때에 발생이 심하며 파종시기에 일교차가 심한 지역, 기온이 낮은 중부지방의 산간지에서 발생하기 쉽다. 논물의 깊이가 깊을수록 싹을 길게 틔울수록, 상처받은 종자를 파종할 경우에 발병률이 높았다.

방제 상처 난 볍씨나 미숙퇴비, 발효성 유기질 비료의 사용을 자제하여야 한다. 지나친 조기 파종은 저온으로 인한 발병을 조장시킴으로 파종적기를 꼭 지키도록 한다. 철저한 소금물가리기로 건전한 종자만을 침종한다.

16 벼 누른오갈병

(露菌病, 黃化萎縮病 Downy mildew)

▲ 벼과 잡초에 발생한 누른오갈병

이 병은 못자리에서 많이 발생하는 것으로 알려져 있으나 최근에는 침수된 논이나 잦은 강우로 일조가 부족하고 저온 다습한 환경에서 발생되고 있다. 이 병은 전신 감염 병으로 유묘기에 감염되면 전 생육기에 발생되는데 발병적온은 18~20℃ 정도이며 30℃ 이상의 고온에서는 병이 잠복된다. 병든 포기는 이삭이 불규칙하게 나오며 기형이삭이 생겨 감수율이 50% 이상이 되기도 한다.

병징 주로 모에 발생하지만 못자리 또는 모내기 직후의 본 논에서도 발생한다. 감염 초기에는 새 잎에 흰색의 작은 반점으로 나타나는데 퇴록되어 연노랑색을 띠고 병무늬가 합쳐지면 불규칙한 무늬가 된다. 병든 포기는 전체적으로 노랗게 변하고 작은 새잎이 생긴다. 키가 크지 않으며 이삭이 잘 나오지 않고 기형이 되므로 여물지 않는다. 꽃피는 때와 이삭 나오는 때에 병 증상이 뚜렷하며 심하게 감염된 포장은 노랗게 보인다.

생태 병원균은 *Sclerophthora macrospora* (*Phytophthora macrospora*) 로 난균문에 속하며 순활물 기생균으로 벼를 비롯한 벼과 식물의 병든 조직 속에서 난포자 상태로 월동하고 이듬해 다시 1차 전염원이 된다. 운동성이 있는 유주자를 형성하는 병원균으로 노균병이나 역병균과 비슷한 성질을 가진다. 난포자 발아의 최적온도는 19~20℃, 발병 최적온도는 15~20℃이다. 월동한 난포자는 이른 봄에 기온이 10℃ 이상이고 습도가 거의 100%일 때 발아하여 어린 묘를 침해한다. 하루이상 침수된 포장에서 발병이 심하며 저온 다습한 날이 (18~20℃, 100%습도) 계속 되면 급격히 번진다. 보리, 밀, 옥수수, 등 거의 모든 벼과 식물을 침해하며 벼과 잡초가 중간 기주가 되기도 한다.

▲ 벼 누른오갈병 병징

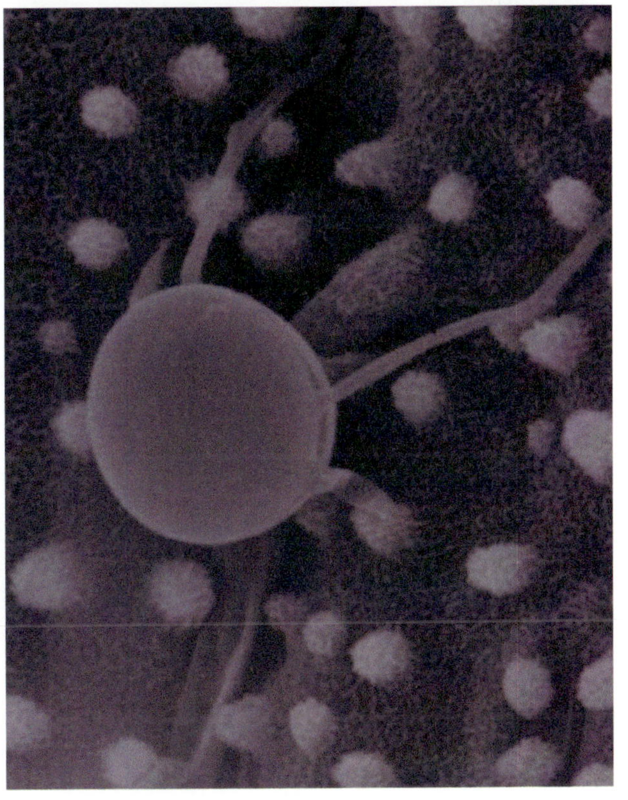

▲ 누른오갈병 포자

방제 못자리 또는 담수 직파 시는 침수의 우려가 없는 곳에 파종하며 논둑의 벼과 잡초를 없앤다. 볍씨 파종 후 흙이나 소독한 왕겨로 깊게 덮으면 (10㎜) 초기감염을 줄일 수 있다. 병든 식물을 제거하고 예비모를 심어 결주를 보충한다. 저항성 품종을 재배한다.

17 벼 모입고병

(苗立枯病 모마름병 Seedling blight)

푸사리움균에 의한 모마름병

병징 육묘상자 및 보온절충(折衷折衷)못자리, 밭못자리에서 발생한다. 싹이 나온 후 모의 신장이 나쁘고, 떡잎이나 잎집의 밑동부분이 자주갈색으로 변하고 모는 약간 누렇게 되어 시들고 결국 말라 죽는다. 출아 중에 심하게 감염되면 출아하지 않는다. 병균의 밑동부분에는 흰색 내지 옅은 붉은 흰색의 곰팡이가 생기기도 한다.

병원균 *Fusarium avenaceum* (Corda : Fries) Saccardo, *Fusarium solani* (Martius) Saccardo 병원균은 모두 사상균이다.

전염 양 균 모두 토양 중에 널리 분포하고 식물의 잔해 등에 부생하는 것과 동시에 토양 중에 장기간 생존할 수 있다. 벼에 대한 병원력은 약하고 모가 저온이나 토양 건습(乾湿)의 반복 등으로 쇠약해 졌을 때, 볍씨 등의 상처로 침입해 모종의 밑동부분을 감염한다.

털곰팡이균에 의한 모마름병

병징 육묘상자에서 발생한다. 병징은 털곰팡이균에 의해 모가 마르는 것과 매우 유사하다. 싹이 나오는 시기에 흰 솜털모양의 곰팡이가 모판 흙의 표면을 덮고, 모는 출아불량, 생육불량이 된다. 병에 걸린 모종은 흰색 내지 옅은 갈색이 되며 뿌리의 신장은 나빠지고, 갈색으로 변해 나중에 말라 죽는다. 말라 죽지 않는 경우에서도 모는 생육이 나빠지고 고르지 않게 된다. Rhizopus spp.의 감염보다 장해의 정도는 가볍다.

병원균 *Mucor* sp. 사상균의 일종으로 *Rhizopus* spp.와 같이 접합균류의 털곰팡이과에 속한다. 생육적온은 20~30℃이다.

전염 본 균은 *Rhizopus* spp. 와 같이 토양 중, 식물의 잔해 또는 육묘자재(育苗資材) 표면 등에서 부생생활을 하고 이것이 1차 전염원이 된다. 또, 포자는 공중으로 비산해서 전반한다. 본 균은 본래 벼에 대해서 기생성은 없지만, 육묘상자와 같은 특수 환경에서 이상증식하고 모종의 생육을 저해한다.

벼 모입고병

피시움균에 의한 모마름병

병징 육묘상자나 보온절충(保温折衷) 못자리에서 발생한다. 싹이 나오기 전에 어린 싹이 썩는 것도 있지만, 대부분은 발아 후 생육이 나쁘고, 모종의 기부가 물 번진 모양의 옅은 갈색으로 변하고 속잎은 시들어 아랫쪽 잎부터 갈색으로 변해서 말라 죽는다. 또 본 잎이 2~3장이 되었을 때 갑자기 시들고, 나중에 옅은 누런 갈색으로 변해서 말라 죽기도 한다. 병에 걸린 모종은 뿌리도 갈색으로 변해서 썩는다.

병원균 (1)*Pythium graminicola* Subramanian, (2)*Pythium spinosum* Sawada, (3)*Pythium irregulare* Buisman, (4)*Pythium sylvaticum* Campbell et Hendrix, (5)*Pythium inflatum* Matthews, (6)*Pythium torulosum* Coker et Patterson, (7)*Pythium aristosporum* Vanterpool 난균류에 속한다. *P. graminicola*는 어린 싹의 모종이 선채로 말라 죽는 것과 동시에 2~3잎 시기의 급성 시들음에 관여하고 병원성이 강해서 가장 중요하다. *P. graminicola*의 포자낭은 간생(間生)으로 부풀어 오른 모양, 20℃ 부근으로 유주포자를 만든다. 장란기는 맨 끝에 만든 또는 간생, 공 모양으로 매끄럽고 지름은 20.0~32.5㎛. 장정기는 앞 끝이 부풀어 곤봉형 또는 가지형, 갈고리형, 난포자는 공 모양의 충만성이다. 배지 위의 균총은 흰색으로 생육이 빠르다. 10~36℃에서 생육하지만, 생육적온은 28~30℃이다. *P. graminicola*는 벼 모마름 외에, 밭벼의 연작장해나 옥수수의 줄기썩음병 등 대부분의 벼과식물에 병을 일으킨다.

전염 피시움균은 모두 토양 전염성으로, 난포자는 토양 중이나 또는 감염식물의 잔재물에서 장기간 생존한다. 출아 또는 육묘기간 중의 저온은 발병을 조장한다.

리조프스균에 의한 모마름병

병징 출아 중인 볍씨 주위에 흰곰팡이가 생겨 2, 3일 안에 육묘상자 전면을 덮는다. 모종은 쇠약해지고 누렇게 되며, 그대로 썩어서 말라 죽기도 하지만, 신장해도 잎은 옅은 누런 녹색이 되며 초장도 낮고, 모종은 고르지 않게 된다. 뿌리 앞 끝은 부풀어 올라 신장은 나빠지며 나중에 갈색으로 변해서 썩는다.

병원균 (1)*Rhizopus chinensis* Saito, (2)*Rhizopus arrhizus* Fischer, (3)*Rhizopus oryzae* Went et Prinsen Geerlings, (4)*Rhizopus javanicus* Takeda 병원균은 모두 접합균류에 속한다. 한 육묘상자에서 여러 종이 분리되는 일이 있어, 혼합감염이 있을 것으로 생각된다. *Rhizopus*균은 생육이 매우 빠르고, 균사에서 포복가지가 신장하여 식물조직과 접한 부분에 헛뿌리가 생기며, 거기로부터 포자낭병이 직립해 신장하고, 그 앞 끝에 처음에는 무색, 성숙하면 검은색 공 닮은꼴의 포자낭을 만든다. 포자낭 속에는 어두운 갈색으로 공 닮은꼴 내지 타원형의 단세포로 표면에 많은 줄 모양의 도랑을 가진 포자를 만든다. 또 기중균사가 두 가닥으로 갈라진 곳에서 부풀어 올라 양자가 접합하고 검은색 공 닮은꼴, 표면이 돌기 모양으로 된 접합포자를 만든다. 배지 위에서는 생육이 매우 빠르고 흰색 균총을 만드는데, 나중에는 회색으로 된다. 생육적온은 30~40℃이다.

전염 본 균은 토양 속이나 식물의 잔재물 또는 육묘자재 등에 널리 분포하고 이것이 1차 전염원이 된다. 또 포자가 공중에 비산해서 전반한다. *Rhizopus*균은 모종의 조직 안에는 침입할 수 없지만 고온, 다습, 조밀하게 파종한 육묘상자에서는 급속하게 번식하고 독소를 생산해 모종의 생육을 저해한다.

벼 모입고병

트리코데르마균에 의한 모마름병

병징 육묘상자에서 모판 흙이나 볍씨의 주위에 흰곰팡이가 생기고 나중에 곰팡이는 푸른 녹색이 된다. 병원균은 생육이 매우 빠르고 볍씨는 출아 전에 썩는 것이 많다. 출아하더라도 생육이 나쁘고 모종은 누렇게 되며 나중에 말라 죽는다. 집단적으로 발생한다.

병원균 *Trichoderma viride* Persoon : Fries 병원균은 사상균의 일종으로 불완전균류에 속한다. 분생포자경은 무색으로 기중균사에서 하나씩 만들거나 뭉쳐서 나고 불규칙 또는 바퀴모양으로 분지한다. 분생포자는 녹색의 공 모양 내지 짧은 거꿀달걀꼴로 표면은 거칠고 지름은 3.6~4.5㎛이다. 생육적온은 30℃이다. 이 균은 벼 모종 외 버섯류를 감염하여 큰 피해를 주고 있다.

전염 본 균은 토양 중의 식물 잔재물 등에 널리 분포하며, 오염된 토양이나 오염된 육묘자재가 전염원이 되는 것이 많다. pH4.0 이하의 토양, 보수력이 낮은 토양, 녹화시작 때의 저온은 발병을 조장한다.

18 벼 점무늬병

(斑点病 Helminthosprium spot Blotch)

병징 잎에 길이 1mm 전후의 미세한 검은 갈색의 짧은 선 모양 점무늬가 한 면에 나타나고 잎 끝은 누렇게 되어서 마른다. 이삭에서는 낟알에 검은 갈색의 미세한 점무늬가 많이 생기고 종종 녹아 섞여서 부정형의 병반이 된다. 심한 경우에는 낟알 전체가 갈색으로 변한다. 잎집이나 이삭 축에도 검은 갈색의 미세한 점무늬가 생긴다. 이삭이 감염되면 불임이나 다미(茶米), 청미(靑米) 등의 변색미가 많아진다.

병원균 *Cochliobolus sativus* (Ito et Kuribayashi) Drechsler ex Dastur [*Bipolaris sorokiniana* (Saccardo ex Sorokin) Shoemaker] 병원균은 사상균의 일종으로 자낭균류에 속한다. 완전세대의 위자낭각은 검은색 공 모양 내지 플라스크형, 안에 방추형 내지 원통형의 자낭을 만들고 그 속에 실모양의 자낭포자가 나선모양으로 꽉 차있다. 자낭포자는 무색 내지 옅은 올리브색으로 6~13개의 격벽을 갖고 크기는 160~360×6~9㎛이다. 불완전세대인 분생포자는 어두운 갈색의 방추형 내지 타원형으로 2~11개의 격막을 갖는다. 크기는 40~120×17~28㎛. 배지 위의 균총은 처음에 회백색, 나중에 검은 갈색이 된다. 생육의 최적온도는 28℃이다. 벼 외에 맥류, 브롬그라스 등 벼과 목초에도 기생한다.

전염 맥류에서는 종자 전염하지만, 벼에서도 종자전염이 되는지는 밝혀지지 않았다.

19 벼 갈색잎마름병
(褐色葉枯病 Brown leaf blight)

병징 잎에 갈색 내지 적갈색의 부정형 반점이 다수 형성되거나 잎의 끝이나 가장자리로부터 암갈색 내지 회갈색으로 변하여 말라 들어간다. 잎의 끝이나 가장자리로부터 형성된 병무늬는 주로 얼룩무늬 혹은 구름모양으로 나타난다. 병이 진전되면 병무늬는 서로 융합하여 커지고 후에 잎이 말라죽는다. 이 병은 벼의 이삭마름 증상에도 관여하는데 감염된 벼알의 껍질에는 갈색 내지 암갈색의 작은 반점이 형성되고 심하게 감염된 벼알은 암갈색으로 변하여 썩기도 한다.

생태 병원균은 *Monographella albescens*에 의한 자낭균에 속한다. 분생포자의 크기는 6.0~15.0×3.0~4.5㎛이고 균사의 생육적온은 24~28℃이다. 병원균은 병든 식물체, 잡초 혹은 종자에서 자낭포자나 균사형태로 월동한 후 온도와 습도가 높아지면 자낭포자 혹은 분생포자를 형성하여 1차 전염원이 된다. 잎이나 지경으로의 침입은 주로 기공을 통하여 이루어지고 벼알이나 이삭의 침입은 표피관통에 의하여 이루어진다. 발병은 잎이 성숙할 때 시작되는데 비가 올 때나 습도가 높은 시기에 병 발생이 증가하고 질소질 비료를 많이 주면 발생이 심해진다. 엽위별로는 지엽보다 차엽에서 산간지가 해안이나 평야지 보다 발병이 많았다. 병원균의 침입적온은 24~26℃이고 분생포자의 비산은 주로 야간에 많이 이루어진다. 품종 간에는 일반계(Japonica형) 품종들은 통일계(Indica형)품종이나 통일계×일반계 품종들에 비하여 저항성이다.

방제 방제방법으로는 종자소독을 하여 파종한다. 이 병의 발생이 심한 지역에서는 저항성 품종을 재배하고 벼 생육 중에는 질소질 비료를 과다하게 주지 않도록 한다.

20 벼 잎집썩음병

(葉鞘腐敗病 Sheath rot)

잎집썩음병은 1922년 사와다에 의해 대만으로부터 처음 보고되었다. 우리나라에서는 오래전부터 발생은 되고 있었으나 공식적인 기록은 1975년 정등에 의해 이루어졌으며 일본 등 동남아 지방에 주로 분포하고 있다. 우리나라는 통일계통의 재배면적이 많았던 당시에 해에 따라서 발생 정도는 다르나 10~20%의 발병을 보였던 해도 있었으나 수량감소는 아주 적었던 것으로 알려져 있다. 이 병은 수잉기에 많이 발병되며 특히 폭풍우 직후 출수기에 낮은 온도가 계속되면 많이 발생하며 발병부위는 주로 엽초이며 마디사이와 알맹이에 침입된다.

병징 학명은 *Acrocylindrium oryzae* Sawada 로 불완전균류에 속하며 분생자경과 포자 모두가 무색이다. 주로 병징은 최상위 엽초에 나타난다. 병반은 초기에는 타원형 또는 약간 부정형으로 0.5~1.5 ㎝ 크기이다. 병무늬의 중앙부는 회색이고 병무늬 가장자리는 갈색이다. 병진전이 심할 경우에는 작은 병무늬가 융합되어 어린이삭을 감싸고 있는 엽초 전체로 확대되어 출수가 되지 않거나 되어도 충분히 성숙되지 않는다. 피해 받은 엽초의 안쪽과 어린 이삭에는 흰가루 모양의 균사체와 포자가 덮여 있는 것을 볼 수 있다. 피해가 심하면 불임이 되거나 피해 받은 쌀알은 갈색을 띄고 도정율이 떨어진다.

생태 전염경로는 불분명하지만 대체로 피해 짚에서 균사 상태로 월동하여 다음해 제1차 전염원이 되며 균의 생존기간은 이병식물을 실내에 보존할 경우 약1년, 실외에서는 24일 전후 생존한다는 보고가 있다. 이께다(池田) 등에 의하면 적온이 20~28℃이고 포자발아는 23~26℃에서 양호하다. 그리고 분리된 균주에 따라 온도, pH, 탄소원, 질소원에 대한 반응이 다르다고 한다. 병원균은 상처를 주거나 이화명나방의 피해를 받으면 식물체가 연약해져서 피해가 심하다고 한다. 재배환경과 발병과의 관계는 질소질 비료를 증시할수록 피해가 많았고 이앙이 늦을수록 재식밀도는 많을수록 발병이 많았다.

방제 품종 간 저항성에 관한 차이는 인디카(Indica)계통에서 이병성이며 자포니카(Japonica)계통은 거의 발생하지 않는다.

21 벼 잎깜부기병
(黑腫病 Leaf smut)

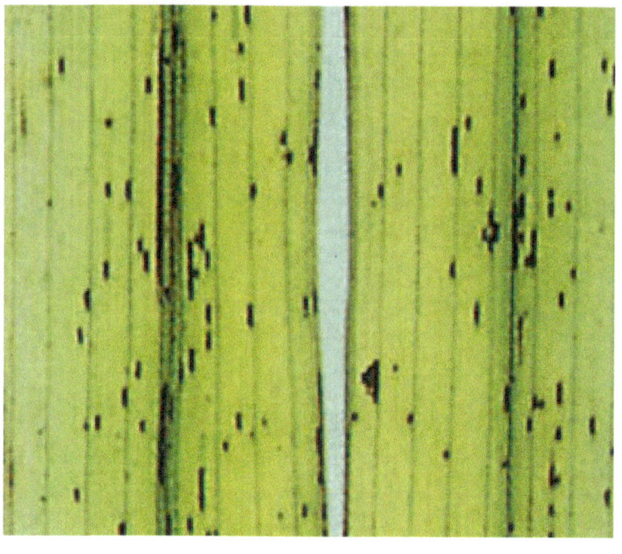

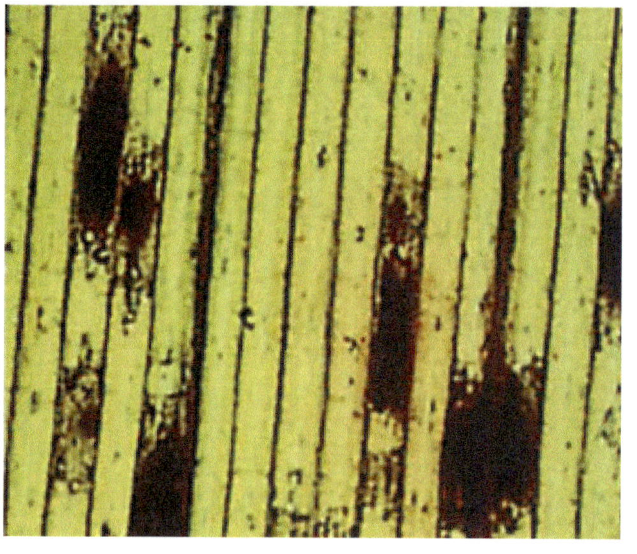

병징 벼의 수확기까지 발생하지만 피해는 많지 않은 병해이다. 병징은 잎에만 발생 하는데 잎의 표면의 잎맥을 따라 깨알처럼 다소 융기한 장타 원형의 흑점이 이어서 발생한다. 흑점의 주위는 황변하고 발생이 심한 경우에는 말라죽는다.

생태 병원균은 *Entyloma oryzae* 이며 후막포자는 구형 또는 다각형이고 암갈색을 띤다. 후막포자의 덩이가 병 걸린 잎에 붙어서 월동하며 다음해 여름 후막포자가 발아하여 소생자를 형성하며 소생자가 잎에 침입하여 발병한다.

방제 비료 기운이 생육후기까지 떨어지지 않도록 비배관리에 주의한다. 또한 피해 볏짚은 퇴비로 만들어 사용한다

22 벼 먹깜부기병

(墨黑穗病 Kernel smut)

병징 벼알에만 발생한다. 피해 입은 벼알에는 담홍색 또는 황색의 혓바닥 모양의 돌기가 영(穎) 사이에서 생긴다. 영 외면은 흑색으로 오염되고 영 내부에는 흑색의 가루가 들어있다.

생태 병원균은 *Tilletia barclayana* 이며 후막포자를 만든다. 후막포자는 구형으로 담갈색 또는 다갈색을 띠며 표면에 뚜렷한 강모가 있다. 후막 포자는 발아해서 소생자를 형성하며 소생자는 발아하여 균사를 만들며 선단에 2차의 소생자를 만든다. 병 걸린 벼알의 흑색 후막포자의 형태로 벼알에서 월동하며 다음해의 전염원이 된다.

방제 이 병은 벼알에서 월동하므로 병 걸리지 않은 포장에서 수확한 벼를 종자로 사용할 것이며 종자 소독하여 파종한다

23 벼 세균줄무늬병

(褐条病 Bacterial brown stripe)

병징 육묘상자에서 발생한다. 모종의 밑동부에서 폭 1mm 정도의 어두운 갈색 줄무늬가 뻗어서 잎몸에 이른다. 생육은 불량하고 모종은 고르지 않게 된다. 심할 때에는 출아 후 1cm정도의 어린 모종이 물에 잠긴 것 같이 썩는다. 또 살아남아도 잎집 전체가 어두운 갈색으로 변하고 모종은 구부러지며 시들어서 결국은 말라죽는다.

병원균 *Acidovorax avenae* subsp. avenae (1909) Willems, Goor, Thielemans, Gillis, Kersters and De Ley 1992 병원균은 세균의 일종이다. 짧은 막대 모양으로 1개의 단극생 편모를 갖고 크기는 평균 0.9~2.1㎛이다. 호기성의 그람음성으로 배지 중에 녹색 형광색소를 생산하지 않는다. 배지 위에서는 가장자리가 뚜렷하고 가운데가 높으며 축축한 광체를 띠고 우유빛의 둥근 콜로니를 만든다. 생육의 최적온도는 28~30℃이다.

전염 종자로 전염한다. 보균한 볍씨를 뿌린 밭못자리나 육묘상자에서 발병한다. 특히 고온, 다습, 씨앗을 빽빽하게 뿌린 육묘상자에서 발생이 심하다. 샤워 순환식 최아기(催芽機)에 의한 최아는 발병과 전염을 조장한다. 본 논에서는 썩은 잎집에서 생존 혹은 증식하는 것으로 생각된다.

24 벼 그을음무늬병
(煤紋病 Brachysporium blotch, Glume mold)

병징 출수기 때부터 잎, 잎집에 어두운 갈색 또는 검은 갈색의 부정형 병반이 생기고, 병반이 차츰 확대되는 것과 동시에 회색으로 변하고 검은색 우단모양의 곰팡이가 생긴다. 병반이 잎집을 둘러쌀 정도가 되면 이삭은 출수 불능이 되거나 출수해도 불임이 되고 낟알에는 검은색 가루모양의 곰팡이가 생긴다.

병원균 *Brachysporium oryzae* 은 사상균의 일종으로 자낭균류에 속한다. 완전세대의 위자낭각 및 자낭포자는 참깨 잎마름병균의 그것과 유사하다. 불완전세대인 분생포자는 곤봉꼴 또는 긴 타원형~방추형의 4~5 세포로 이루어지고 기부에서 3번째의 세포가 부풀고, 때로는 구부러지는 것이 있다. 양 끝 세포는 옅은 갈색, 가운데 세포는 어두운 갈색이다. 크기는 30~42×8~13μm, 분생포자경은 어두운 갈색 선 모양으로 격막이 있고, 앞 끝은 약간 구부러진다. 크기는 100~250×4~6μm. 벼에 대해 병원성은 약하다.

전염 본 균은 벼를 비롯한 많은 작물이나 잡초 등에서 부생생활을 하고 벼가 어떤 원인으로 상처를 받거나 쇠약한 경우에 감염해 발병한다.

25 벼 갈색균핵병
(褐色菌核病 Brown sclerotium disease)

병징 출수기 때부터 발생한다. 그루터기의 잎집에 갈색 타원형의 병반을 많이 만든다. 크기는 0.5~수 cm로 병반의 가운데는 회갈색으로 건전부와의 경계는 뚜렷하지 않다. 밑동의 병반은 바랜 녹색 물 번진 모양을 보이고 부정형이 된다. 말라죽은 잎집 조직 안 또는 병에 걸린 줄기의 안쪽에 균핵을 만든다.

병원균 *Ceratobasidium setariae* (Sawada) Oniki, Ogoshi et Araki [*Rhizoctonia oryzae-sativae*(Sawada) Mordue] 병원균은 사상균의 일종으로 담자균류에 속한다. 담자포자와 균핵을 만든다. 잎집 조직 안에 만들어지는 균핵은 둥근 기둥모양, 줄기의 안쪽에 만들어지는 균핵은 공 모양으로 크기는 670~1, 890×305~366㎛, 모두가 어두운 갈색 또는 검은색이다. 담자기는 공 모양으로 크기는 13.4~18.8×12.3~15.3㎛. 담자기 위에는 뿔 모양의 작은 자루 2개가 생기고, 그 위에 공 모양 또는 달걀꼴의 담자포자를 만든다. 담자포자는 무색으로 크기는 11.6~20.1×8.5~12.5㎛이다. 균사는 5~38℃에서 생육하지만, 적당한 온도는 30~33℃이다.

전염 본 균은 감염된 짚 또는 그루터기 위의 균핵 및 균사의 형태로 지표 또는 토양 중에서 월동하고 이것들이 이듬해의 전염원이 된다.

방제 균핵 진균에 의해서 발생하는 병으로 방제는 벼 재배시 질소질비료를 지나치게 많이 주거나 적게 주지 않도록 하며 균핵진균은 벼 수확 후에 남겨진 병든 식물체의 잔재에 균핵 혹은 균사 등의 형태로 많이 남아있기 때문에 가능하면 벼 수확후 남은 볏짚을 제거하거나 태우는 것이 포장내 균핵 진균의 밀도를 떨어뜨려 이듬해 벼 재배시 균핵진균병 발생을 줄이는 효과가 있다. 기타 방제관리는 잎집무늬마름병 방제에 준하여 실시하면 된다.

26 벼 갈색무늬병
(褐紋病)

▲ 인공 접종에 의한 병반

병징 지금까지 밭벼에서만 발병이 확인되고 있다. 잎에 부정형으로 가장자리가 선명하지 않은 옅은 갈색 병반이 생긴다. 병반의 크기는 폭 4~5mm, 길이는 5~6cm에 달하는 것도 있다. 잎집이나 낟알의 갈변(褐變)도 일으키지만, 병반은 뚜렷하지 않다.

병원균 *Nigrospora oryzae* (Berkeley et Broome) Petch 병원균은 사상균의 일종으로 보통 벼 위에서는 불완전세대의 분생포자가 보인다. 분생포자경은 하나씩 또는 뭉쳐나고 어두운 갈색의 염주모양으로 이어진 2~3세포로 구성되고 앞 끝에 분생포자를 하나씩 만든다. 분생포자는 검은색의 공 모양 또는 찌그러진 공 모양으로 단세포, 표면은 매끄럽고, 크기는 12~16㎛. 배지 위의 균총은 처음 회색, 나중에 검은색이 된다. 생육적온은 25~28℃이다. 본 균의 완전세대는 *Khuskia oryzae* Hudson으로 되어 있다.

전염 본 균은 벼의 각부에 항상 존재하며 조직의 표면이 극히 얕은 곳에 기생하고 기공에서 분생포자경을 내고 있지만, 보통 병반을 만드는 것은 없다. 드물게 상처로 침입해서 병반을 만드는 것이 있다. 피해는 거의 없다.

27 벼 포기마름병
(株枯病 Fusarium blight)

병징 밭벼에서 발생한다. 발아 직후부터 발생하지만, 특히 심하게 되는 것은 수잉기 이후이다. 처음에는 포기 전체가 생기를 잃고 녹색 잎이 갈색으로 변하는 동시에 포기 전체가 붉은기 도는 누런색이 되어 말라 죽는다. 그루터기 잎집에는 흰색 내지 옅은 붉은색의 곰팡이가 자라고 있으며, 볏짚을 쪼게 보면 조직은 옅은 검은색으로 변색되어 썩어있다. 때로는 웃자라 있는 볏짚도 볼 수 있다.

병원균 *Gibberella fujikuroi* (Sawada) Ito [*Fusarium moniliforme* Sheldon] 병원균은 사상균의 일종으로 자낭균류에 속하며, 벼 키다리모종 병균과 같은 종이다. 그러나 키다리모종 병균은 증상이 다르고 품종에 대한 병원성도 다르다.

전염 본 균은 밭 상태에서는 토양 중에서 후막포자를 만들어서 월동하고 다음해의 전염원이 되는 것도 생각되지만, 주된 전염경로는 종자전염이다.

28 벼 공균핵병

(球狀菌核病)

병징 일반적으로 곡물 등이 익어가고 있는 후기에 발생하고 아랫쪽의 잎집 및 볏짚을 감염한다. 병에 걸린 포기는 잎집의 아래부터 누런색으로 변하고 차츰 윗부분으로 확산된 후에 잎집 전체가 갈색이 되어 마른다. 잎집 위에 뚜렷한 병반은 형성되지 않는다. 잎집의 표면 또는 조직 안에 갈색 내지 검은 갈색으로 작은 공 모양의 균핵을 많이 만든다. 잎집이 감염되면 내부의 볏짚도 감염되어 안쪽에 많은 균핵을 만드는 경우가 있다. 병에 걸린 포기는 쇠약하더라도 포기 전체가 말라죽는 것은 없다.

병원균 *Sclerotium hydrophilum* Saccardo 병원균은 사상균의 일종으로 불완전균류에 속한다. 분생포자 세대는 알려져 있지 않고 균핵 세대만 알려져 있다. 균핵은 갈색 내지 검은 갈색으로 공 모양, 지름은 245~490㎛이다. 8~37℃에서 생육하지만 적정온도는 25~30℃. 벼 외에 참방동사니, 줄, 바랭이에 기생한다.

전염 자세한 것은 분명하지 않지만, 감염된 짚 위에서 월동한 균핵 및 균사가 다음해의 전염원이 되는 것으로 생각된다. 또 균핵은 토양 중에서 1년 이상 생존이 가능하므로 지상에 떨어진 균핵도 다음해의 1차 전염원이 된다.

방제 균핵 진균에 의해서 발생하는 병으로 방제는 벼 재배시 질소질비료를 지나치게 많이 주거나 적게 주지 않도록 하며 균핵진균은 벼 수확 후에 남겨진 병든 식물체의 잔재에 균핵 혹은 균사 등의 형태로 많이 남아있기 때문에 가능하면 벼 수확후 남은 볏짚을 제거하거나 태우는 것이 포장내 균핵 진균의 밀도를 떨어뜨려 이듬해 벼 재배시 균핵진균병 발생을 줄이는 효과가 있다. 기타 방제관리는 잎집무늬마름병 방제에 준하여 실시하면 된다.

29 벼 홍변미

(紅變米)

병징 현미의 표면에 붉은색 점무늬가 나타난다. 형상은 고르지 않고 원형, 구름모양, 부정형, 등 쪽을 따라서 세로로 긴 형의 것, 맨 끝부분 또는 기부만 붉은색으로 변하는 것, 배 쪽만 붉은색으로 변하는 것 등 다양하다. 배(胚)에서는 전체가 착색되는 것도 있다. 다른 부분에서는 착색이 전분 층까지 달하는 것은 없다.

병원균 *Epicoccum nigrum* Link 병원균은 사상균으로 불완전 균류에 속한다. 갈색 내지 검은색의 분생포자좌 또는 균사에서 무색 내지 옅은 갈색의 짧은 곤봉꼴 분생포자경을 만든다. 분생포자경 앞 끝에 분생포자를 만든다. 분생포자는 처음에 무색으로 격벽이 없고 표면은 매끄럽지만, 나중에 갈색이나 검은색으로 변하고 가로세로에 불규칙한 격벽이 생긴다. 공 모양, 공 같은 모양, 서양 배 모양 등으로 불규칙하며, 표면은 그물코 모양으로 갈라진 외막으로 덮이고 돌기모양이 된다. 분생포자의 크기는 변이 폭이 크고 7~65×6~54㎛이다.

전염 본 균은 벼 외에 밭두둑 잡초의 마른 잎 등에서 부생생활을 하며 거기에서 비산한 분생포자가 잎에 떨어져 낟알에 침입해 현미를 감염한다.

30 벼 좀공균핵병
(小黑菌核病 Stem-rot, Culm rot)

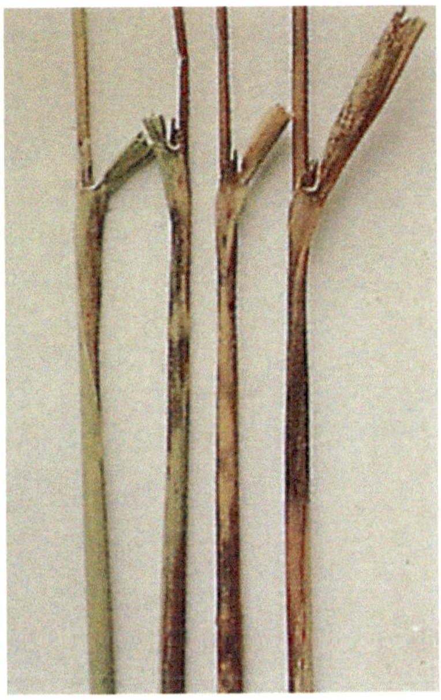

병징 수잉기 때부터 밑동부 잎집에 검은색의 작은 점무늬를 만들고, 그 위아래에 검은 가지가 자란 후에 가장자리가 선명하지 않은 검은색의 얼룩무늬가 되고, 잎집을 둘러쌀 정도로 균은 내부에 침입해서 볏짚에도 감염해 검은 얼룩무늬를 만든다. 또, 마지막 잎 잎집에도 검은색으로 가장자리가 흐릿한 구름모양의 병반을 만든다. 잎에도 작은 갈색 점무늬를 만든다.

병원균 *Helminthosporium sigmoidea* Cavara var. *irregulare* Cralley et Tullis 병원균은 사상균의 일종으로 불완전균류에 속하며, 분생포자와 균핵을 만든다. 잎집 병반 위의 분생포자는 초승달 모양 또는 방추형으로 3개의 격벽이 있고 가운데 2세포는 옅은 갈색, 양 끝의 2세포는 약간 옅은 색이다. 크기는 50~65×9~12㎛. 균핵 위에 만들어진 분생포자는 4개의 격막을 갖고, 맨 끝은 홀쭉한 부리(beak)를 이루고 감긴 모양으로 구부러져 있는 점에서 잎집 병반 위의 것과 다르다. 균핵은 검은색의 부정형으로 크기는 145~180×85~122㎛이다. 10~40℃의 범위에서 생육하지만, 생육적온은 30℃ 부근에 있다. 벼 외에 골풀이나 줄에 기생한다.

전염 감염된 짚 및 그루터기 중의 균핵이 다음해의 1차 전염원이 된다. 균핵은 모내기 시기에 수면 위로 떠올라 그루터기에 붙는다. 수온이 20℃을 넘어설 때부터 잎집에 침입을 시작한다. 또 잎집이나 수면에 늘어진 잎의 병반 또는 수면에 떠있는 균핵 위에 분생포자를 만들어 바람에 의해 비산해서 위쪽의 잎집, 잎과 이삭 등에 떨어진다. 분생포자는 발아해 부착기를 만들고 거기에서 침입균사를 내고, 침입해서 병반을 만든다. 조기(早期), 조식(早植), 조기낙수(早期落水), 칼륨결핍 및 출수기 이후의 고온은 발병을 조장한다.

방제 균핵 진균에 의해서 발생하는 병으로 방제는 벼 재배시 질소질 비료를 지나치게 많이 주거나 적게 주지 않도록 하며 균핵진균은 벼 수확 후에 남겨진 병든 식물체의 잔재에 균핵 혹은 균사 등의 형태로 많이 남아있기 때문에 가능하면 벼 수확후 남은 볏짚을 제거하거나 태우는 것이 포장내 균핵진균의 밀도를 떨어뜨려 이듬해 벼 재배시 균핵진균병 발생을 줄이는 효과가 있다. 기타 방제관리는 잎집무늬마름병 방제에 준하여 실시하면 된다.

31 벼 흰비단병
(白絹病 Southern blight)

병징 본 병은 육묘상자와 밭벼에서 발생한다. 육묘상자에서 모종의 밑동부나 뿌리에 흰 균사가 서로 얽혀 흰 균사 덩어리가 생기며, 나중에 지름 1~2mm 정도의 갈색 공 모양 균핵이 된다. 모종은 생육이 나쁘고 누런 녹색이 되어 시들어 말라죽는다. 밭벼에서는 7~8월에 줄기의 밑동부가 갈색으로 변하고 흰색의 균사를 덮고 있든가 또는 회백색으로 변해서 표면에 작은 공 모양의 균핵이 많이 붙어 있다. 병에 걸린 포기는 시들고 나중에 말라죽는다.

병원균 *Sclerotium rolfsii* Saccardo 병원균은 사상균의 일종으로 불완전균류에 속한다. 콩, 야채, 담배 등의 흰비단병균과 같다.

전염 본 균은 토양 중에서 균핵으로 장기간 생존한다. 대두, 강낭콩 등 밭작물이나 채소류에 널리 기생하므로, 밭 토양을 살균하지 않은 채 상토로서 사용하면 발병하기 쉽다. 녹화, 경화기간 중의 고온, 다습은 발병을 조장한다. 물못자리나 논에서는 본 병은 발생하지 않는다.

32 벼 갈색줄무늬병

(条葉枯病 Cercospora leaf spot)

병징 본 논에서 중, 후기부터 발생이 눈에 띄게 된다. 잎에서는 잎맥을 따라 길이 1cm, 폭 1~2mm 정도로, 주위가 약간 흐릿한 자주갈색 줄무늬가 많이 나타난다. 잎 집에서는 잎 마디 부분부터 아래로 자주갈색의 큰 병반이 되고 잎집 전체가 자주갈색으로 변하기도 한다.

병원균 *Sphaerulina oryzina* Hara [*Cercospora oryzae* Miyake] 병원균은 사상균의 일종으로 자낭균류에 속한다. 자낭포자와 분생포자를 만든다. 분생포자경은 하나씩 또는 몇 개가 모여 나고 누런 갈색 또는 갈색 선 모양으로 2~5개의 격막이 있다. 크기는 3.5~7.7×3.2㎛. 분생포자는 무색의 긴 곤봉 모양으로 2~6개의 격벽을 갖고 크기는 32~55×5~6.5㎛이다. 헛자낭각은 야외에 감염된 체로 방치된 짚 조직 안에 만든, 검은색의 공 모양이나 찌그러진 공 모양으로 크기는 40~100×30~90㎛. 자낭은 긴 타원형 또는 원통형으로 크기는 45~51×8~9㎛이다. 자낭포자는 무색의 긴 방추형으로 4개의 격벽을 갖고 크기는 18~23×2~2.5㎛. 생육은 느리다. 6~33℃에서 생육하지만, 적정온도는 25~28℃이다. 벼에만 기생한다. 본 균의 불완전 세대를 *Cercospora janseana* (Raciborshi) Constantinescu로 하자는 보고가 있다.

전염 본 균은 감염된 짚에서 월동하고, 다음해 따뜻해져(기온 16℃ 정도)비를 맞으면 병환부에 분생포자 또는 자낭포자를 만들며 비산해서 벼에 병을 일으킨다. 조기 재배에서는 7월 중순, 보통기 재배에서는 8월 초, 중순에 아랫쪽 잎에서 처음 발생이 보이고, 발병은 차츰 위쪽 잎으로 번지며 출수기 때부터 병세가 급속히 진행된다. 사질토양으로 누수가 심한 밭에서 발생이 많다.

33 벼 거짓도열병

(의사도열병 False blast)

병징 잎에 어두운 갈색, 주변에 옅은 누런색 타원형의 병반이 생긴다. 크기는 2~3mm로 도열병과 비슷하지만, 도열병처럼 병반의 뒷면에 회녹색 또는 회색의 곰팡이가 생기지 않는다.

병원균 (1)*Alternaria oryzae* Hara, (2)*Epicoccum nigrum* Link (3)*Cladosporium herbarum* (Persoon : Fries) Link (4)*Pseudocochliobolus lunatus* (Nelson et Haasis) Tsuda, Ueyama et Nishihara 병원균은 사상균으로 위의 (1)~(3)은 불완전균류 (4)는 자낭균류에 속한다. 어떤 균도 벼에 대한 병원성은 매우 약하며, 이러한 균이 주 원인이라고 생각하기는 어렵다.

전염 상기의 사상균은 모두 벼 외에 잡초의 마른 잎 등에서 부생생활을 한다. 벼가 저온이나 바람 등에 의해서 상해를 받았을 경우에 이러한 사상균들이 침입한다.

34 벼 회색균핵병

(灰色菌核病)

병징 등숙기 가까이 되어 잎집에 띠 모양의 붉고 옅은 갈색으로 작은 병반이 나타나고 나중에 병반은 뚜렷한 모양이 되지 않고 옅은 갈색, 이른바 볏짚 색깔로 확대해서 잎집은 말라 죽는다. 병반 위에 회백색 내지 회갈색의 균핵이 흩어져 만들어 진다. 또 본 병은 육묘상자에서 뿌리나 잎집에 갈변을 일으키기도 한다.

병원균 *Sclerotium fumigatum* Nakata 병원균은 사상균의 일종으로 불완전균류에 속한다. 분생포자 세대는 분명하지 않고, 균핵 세대만이 알려져 있다. 균핵은 공 모양, 타원형 또는 융합형으로 아래는 편평하고 표면은 거칠다. 처음에는 흰색, 나중에 회백색 내지 회갈색이 된다. 크기는 0.3~1.5mm. 감자 한천배지 위에서의 균총은 누런 흰색이고 15~34℃ 사이에서 생육하지만, 적정온도는 28~30℃이다. 벼 외에 율무, 산달래를 감염한다.

전염 본 균은 부생성이 강하며 감염된 짚, 그루터기와 함께 토양 중에 매몰된 균사 및 균핵이 다음해의 전염원이 된다. 본 균은 병원력은 약하지만, 상처를 통해 침입하고 폭풍우 등의 후에 발생한다. 출수 후에 내린 비가 발병을 조장한다.

방제 균핵 진균에 의해서 발생하는 병으로 방제는 벼 재배시 질소질비료를 지나치게 많이 주거나 적게 주지 않도록 하며 균핵진균은 벼 수확 후에 남겨진 병든 식물체의 잔재에 균핵 혹은 균사 등의 형태로 많이 남아있기 때문에 가능하면 벼 수확후 남은 볏짚을 제거하거나 태우는 것이 포장내 균핵 진균의 밀도를 떨어뜨려 이듬해 벼 재배시 균핵진균병 발생을 줄이는 효과가 있다. 기타 방제관리는 잎집무늬마름병 방제에 준하여 실시하면 된다.

35 벼 적색균핵병

(赤色菌核病 Bordered sheath spot, Rhizoctonia sheath spot)

병징 본 병은 출수기 이후에 발생하는 것이 많다. 잎집에 짙은 갈색으로 지름 1~2cm 타원형 병반을 만든다. 병반의 가장자리는 짙은 갈색, 내부는 옅은 누런 갈색으로, 병반부와 건전부의 경계가 뚜렷하지 않은 경우가 많다. 잎에도 같은 병반이 생길 수 있지만, 볏짚을 감염하는 것은 없다. 잎집의 조직 안이나 드물게 잎집 사이에 균핵을 만든다.

병원균 *Waitea circinata* Warcup et Talbot [*Rhizoctonia oryzae* Ryker et Gooch] 병원균은 사상균의 일종으로 담자균류에 속한다. 담자포자와 균핵을 만든다. 담자기는 원통형으로 중앙에서 약간 부풀어 오르는 것이 있다. 크기는 9.8~17.8×4.6~8.0㎛. 담자기 위에는 짧은 뿔 모양의 작은 자루가 생기고, 그 앞 끝에 무색 거꿀달걀꼴의 담자포자를 만든다. 크기는 7.4~10.3×4.3~6.9㎛. 균핵은 연분홍색 내지 주황색, 타원형 또는 융합형으로 크기는 1×0.5mm이다. 감자한천배지 위의 균총은 옅은 붉은색으로 14~36℃에서 생육하지만, 적정온도는 31℃ 부근이다. 벼 외에 피, 돌피 등에 기생한다.

전염 논에 방치되거나 토양 중에 섞여 들어간 감염된 짚, 또는 그루터기의 균사 및 균핵이 1차 전염원이 된다. 또, 벼 이외의 기주잡초가 전염원이 되기도 한다.

방제 균핵진균에 의해서 발생하는 병으로 방제는 벼 재배시 질소질비료를 지나치게 많이 주거나 적게 주지 않도록 하며 균핵진균은 벼 수확 후에 남겨진 병든 식물체의 잔재에 균핵 혹은 균사 등의 형태로 많이 남아있기 때문에 가능하면 벼 수확후 남은 볏짚을 제거하거나 태우는 것이 포장내 균핵진균의 밀도를 떨어뜨려 이듬해 벼 재배시 균핵진균병 발생을 줄이는 효과가 있다. 기타 방제관리는 잎집무늬마름병 방제에 준하여 실시하면 된다.

36 붉은곰팡이병 (赤黴病 Scab, Fusarium blight)

병징 볏짚에서는 마디를 중심으로 위아래가 검은 갈색으로 변하여 썩고 나중에 말라죽는다. 잎집이나 볏짚의 표면에는 작고 검은 입자가 많이 만들어진다. 낟알에서는 이삭의 봉합부에 옅은 누른 붉은색으로 약간 끈기가 있는 덩어리가 선 모양으로 나타난다. 이것은 병원균의 분생포자 덩어리이다.

병원균 *Gibberella zeae* (Schweinitz) Petch 〔*Fusarium graminearum* Schwabe〕병원균은 사상균의 일종으로 자낭균류에 속한다. 본 균은 자낭포자와 분생포자를 만든다. 잎집이나 볏짚 표면에 만들어지는 검은 입자는 자낭각이며, 병든 이삭의 봉합부에 나타나는 것은 분생포자 덩어리이다. 본 균은 벼 외에 맥류 및 벼과목초 등에 널리 기생하며 맥류에서는 특히 피해가 크다.

전염 본 균은 균사, 분생포자, 자낭포자의 형태로 벼뿐만 아니라 맥류 및 벼과목초 등의 감염된 줄기와 잎, 종자 등에서 월동하고 다음해의 전염원이 된다. 본 병은 이삭이 나온 후 비가 계속내릴 때에 발생한다.

37 벼 누른잎마름병 (黃枯病)

병징 벼의 마디 사이 신장기 때부터 발생하기 시작한다. 잎집의 가장자리 근처에 처음 5mm 정도의 짙은 갈색의 타원형 병반이 나타나며, 나중에 확대해서 잎집을 둘러싸며 길이 10cm에 달하고 잎집은 말라죽는다. 병이 진행되면 더 안쪽의 잎집에도 감염한다. 잎집 병반은 끝동매미충의 산란 흔적에서 시작하는 것이 많다.

병원균 *Pyrenochaeta* sp. 병원균은 사상균의 일종으로 불완전균류에 속한다. 병에 걸린 조직 안에 병자각을 만들고, 입 부분을 표면으로 돌출한다. 입 주변에는 수십 개의 가시털이 있다. 병자각은 검은색의 공 모양 또는 타원형으로 크기는 평균 124.7×116.9㎛이다. 분생포자(병포자)는 무색 달걀꼴 또는 타원형의 단세포로 크기는 평균 4.3×2.1㎛. 생육적온은 28℃이다. 전염은 자세한 것은 밝혀지지 않았지만, 감염식물 조직 중의 균사 또는 분생포자로 월동하고 이것이 1차 전염원이 되는 것으로 생각된다.

38 벼 잿빛잎마름병 (灰色葉枯病)

병징 잎맥에 따라서 갈색의 타원형 병반이 생기며 날이 갈수록 가운데는 회백색, 가장자리는 어두운 갈색이 된다. 잎집이나 낟알도 감염한다.

병원균 *Hendersonia oryzae* Miyake 사상균으로 불완전균류에 속한다. 전염은 자세한 것은 밝혀지지 않았지만, 감염된 짚이 다음해의 전염원이 되는 것으로 생각된다.

벼 해충

[Insect pests]

01 벼 잎선충

(Rice white tip nematode)

▲ 벼 잎선충

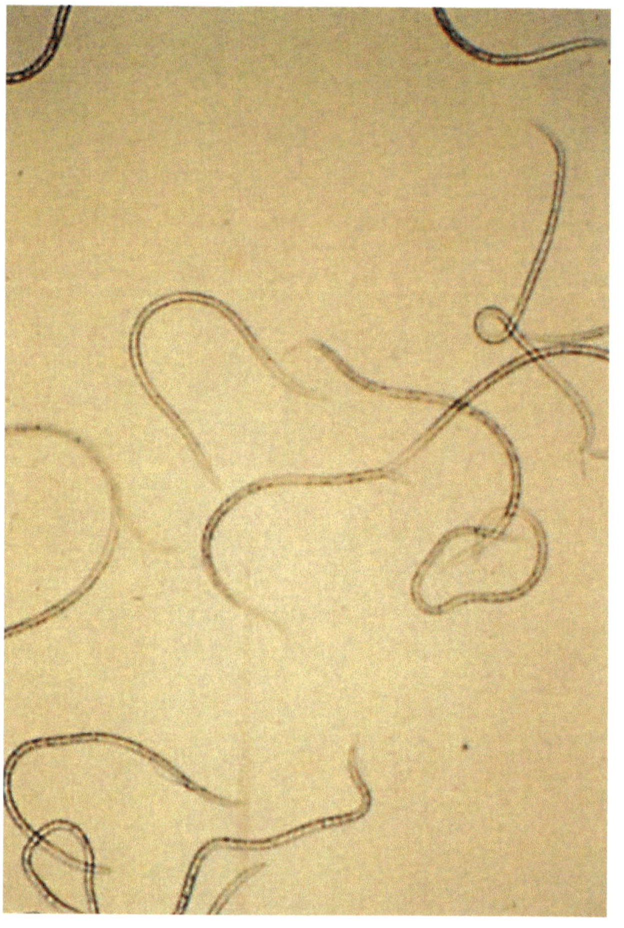

▲ 벼 잎선충의 성충과 유충

가해양상 아랫잎에는 나타나지 않지만 8월에 들어서면 윗잎의 끝이 담황갈색이 되고 윤이 난다. 병반은 오래되면 회갈색으로 변하여 돌돌 말려 꼬인다. 결국에는 썩어서 잎이 끊긴 것같이 되며 낟알에 흑점이 생긴다. 벼잎선충과 세균이 동시에 감염되면 흑점미가 발생하여 쌀의 품질을 저하시킨다.

형태와 생활사 벼잎선충은 *Aphelenchoides besseyi* 에 의하여 발생하는데 크기가 1㎜ 내외로 눈에 보이지 않으며 볍씨에서 월동한다. 벼잎선충은 발아직후에 자엽 또는 제1엽으로 침입하여 엽초의 안쪽에 살며 생장하는 어린잎을 가해한다. 벼가 생장함에 따라 상부 엽초로 이동하며 수잉기에는 이삭과 끝잎에, 출수기 후에는 거의 전부가 벼알 속으로 침입한다. 벼알 속으로 침입한 선충은 벼알과 왕겨사이에서 월동하며 벼를 도정하고 남은 왕겨를 집안에 보관해도 겨울에 죽지 않는다.

방제 벼잎선충의 방제는 볍씨 파종전과 본 논에 이앙 후 하는 두 가지 방법이 있다. 볍씨 파종 전에는 볍씨를 최아 시키기 전에 24시간 침지 후에 헹구어 낸 다음 볍씨를 파종한다. 본 논에 이앙 후에는 등록약제를 10 a 당 3~4㎏을 살포하면 된다.

▲ 벼 잎선충 발생포장

▲ 벼 잎선충, 잎의 끝부분 피해

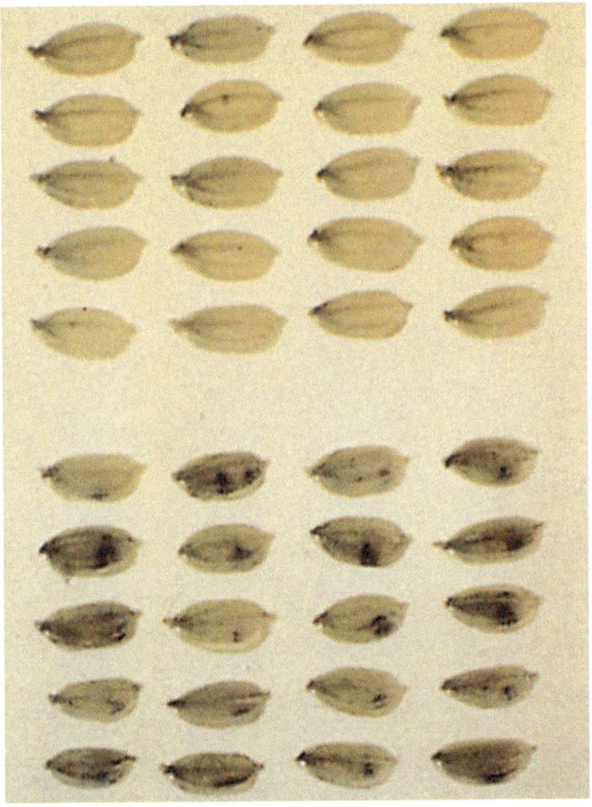

▲ 벼 잎선충, 피해받은 벼(아래)

02 벼 뿌리썩이선충류

(*Pratylenchus* spp.)

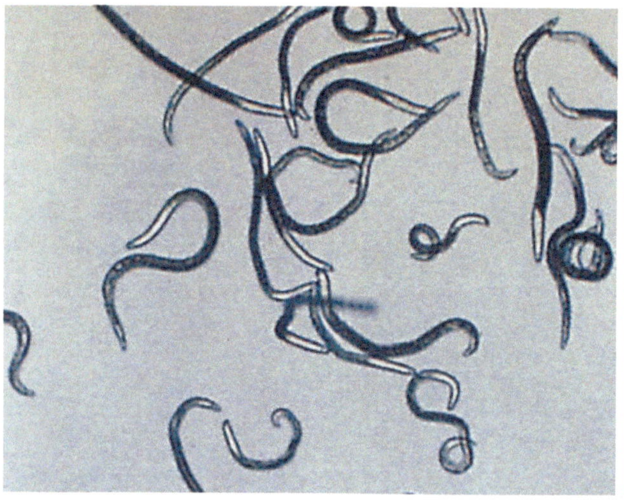

▲ 뿌리썩이선충류 일종

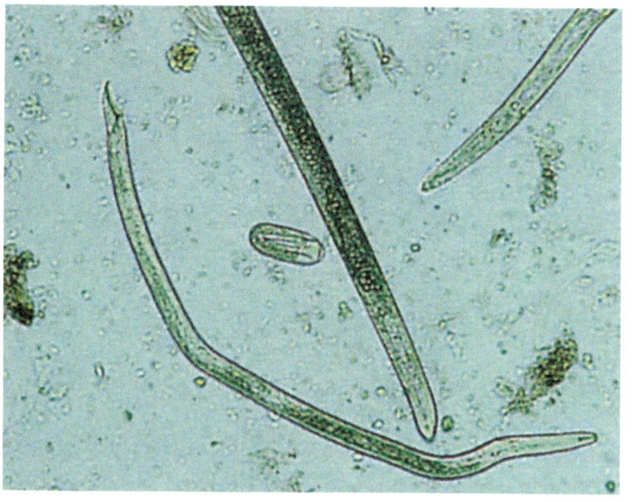

▲ 뿌리썩이선충류의 일종

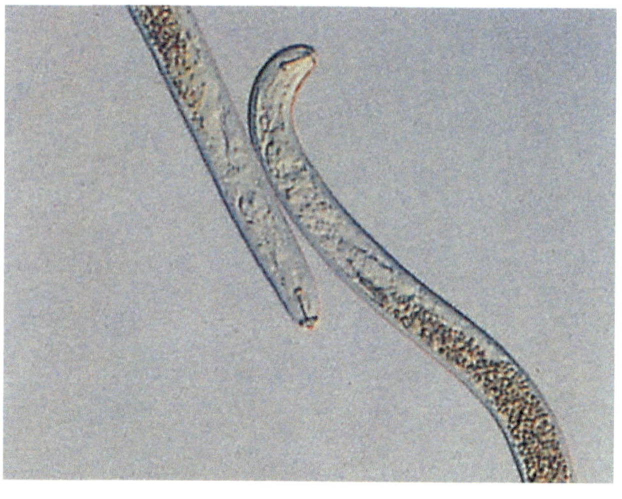

▲ 딸기뿌리썩이선충의 암컷성충

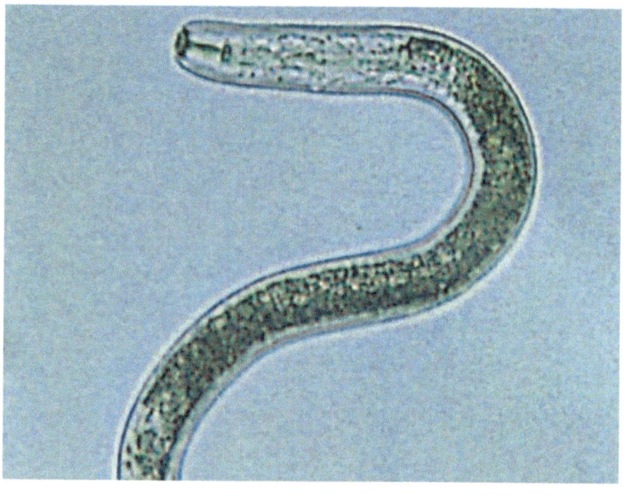

▲ 딸기뿌리썩이선충 암컷성충

형태 암컷성충, 수컷성충, 유충은 모두 선형이며 무색이다. 암컷의 몸길이는 0.3 ~ 0.8mm, 구침은 14 ~ 19㎛로 짧고 굵다. 수컷은 암컷보다 약간 가늘고, 몸길이는 0.3 ~ 0.6mm이다.

피해와 생태 뿌리썩이선충과. 이동성을 지닌 내부기생성 선충이다. 벼에는 커피뿌리썩이선충(*P. coffeae*) 외에 콩뿌리썩이선충(*P. neglectus*) 딸기뿌리썩이선충(*P. penetrans*) 사과뿌리썩이선충(*P. vulnus*) *P. zeae* 의 4종이 알려져 있다. 딸기뿌리선충(*P. penetrans*)과 *P. zeae*는 수컷이 드물다. 성충과 유충 모두 밭벼 또는 논벼의 뿌리에 침입하여 피층부로 이동하면서 기생, 가해하며 뿌리에 갈변병반(褐變病斑)을 형성한다. 그러나 벼에는 커피뿌리썩이선충(*P. coffeae*)을 제외하면 지상부 생육의 영향은 뚜렷하지 않다.

03 벼 씨스트선충

(*Heterodera elachista* Ohshima)

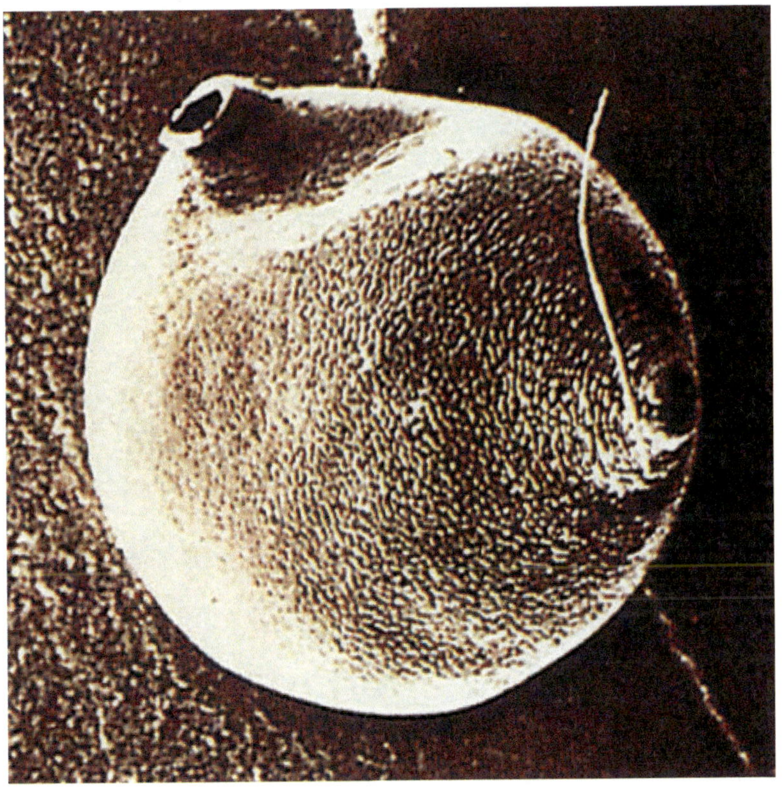

▲ 벼씨스트선충의 암컷성충 (전자현미경)

형태 씨스트선충과. 정주성의 내부 기생성 선충이다. 암컷성충은 레몬형으로 된 씨스트선충의 일종이다. 섬모양의 알에서 부화한 제2기 유충은 몸길이가 0.4mm, 선형이며 무색이다. 뿌리에 침입하여 기생한 유충은 소시지 모양에서 서양배 모양으로 비대해지고, 암컷의 몸길이는 0.4mm, 폭은 0.3mm, 레몬형이며 유백색이나 황색을 띤다. 암컷은 죽은 후에 씨스트를 형성하고, 연갈색에서 암갈색으로 변한다. 수컷성충은 21㎛의 구침을 가지며, 몸길이는 0.9mm 선형으로 무색이다.

피해와 행태 밭벼 연작 장해 원인 중 하나이다. 벼 생육 초기에는 모 일부 또는 전체가 황갈색으로 되지만, 고사하는 경우는 없다. 그러나 생육이 지연되고, 초장, 줄기 수, 줄기 무게가 감소한다. 또한 이삭 당 벼 알수가 감소하고, 등숙율도 나쁘며, 천립중이 감소한다. 연작 포장 수확량은 연작하지 않은 포장에 비해서 절반에서 3/4로 감소하지만, 벼의 밭재배에서 접종시험에 의한 감수율은 10~20% 내외이다. 논에서도 건답직파재배에서는 생육 초기에 밭벼와 동일한 피해가 나타난다. 씨스트 내 알로 월동하며, 4월 중순부터 부화가 시작되고, 제2기 유충이 토양 중에 유출되어 작물의 발근과 동시에 뿌리 속으로 침입하며, 6월 하순부터 7월 상순에 뿌리표면에 씨스트를 형성하고 제1세대를 완료한다. 연 3~4세대를 경과한다. 발육영점은 10.5C이고, 1세대를 소요하는 유효적산온도는 455일도, 암컷성충은 뿌리혹선충류(*Meloidogyne spp.*)와 같이 몸 밖으로 알주머니를 내며, 이것이 재배기간 중 증식원이 된다. 씨스트 내 알은 이듬해 봄에 감염원이 된다. 토양 중 씨스트는 벼 밭재배에서는 지표로부터 10cm 내에서 대부분 검출되며, 밭벼에서는 더 깊어 30cm 내에서 모든 씨스트 95%가 분포한다. 씨스트 내에 저장된 알 수는 약 200개이다.

04 벼 애멸구

(Small brown planthopper, *Laodelphax striatellus* Fallen)

▲ 애멸구 단시형성충

가해양상 벼의 생육기간 중 약충이나 어른벌레 모두 즙액을 빨아먹어 직접 피해를 입히고 줄무늬잎마름병과 검은줄오갈병 등의 바이러스병을 매개하여 간접적인 피해 또한 크며 지역에 따라 이삭이 팰 때 이삭을 가해하기도 한다. 또한 그을음병을 유발한다. 2모작 보리 재배가 애멸구의 발생에 유리하고 벼를 빨리심은 평야지에 피해가 많다.

형태와 생활사 어른벌레의 길이는 암컷의 경우 4㎜이고, 수컷은 3.5㎜ 정도이지만 단시형의 경우는 암컷이 2.5㎜, 수컷이 2.3㎜ 정도이다. 몸은 담황색이고 흑색 반점이 있다. 머리는 담황색이며 겹눈은 대부분 흑색이지만 적색도 있고 홑눈은 암홍색이며, 더듬이는 담황색이다. 앞가슴은 담황색이고 중앙부에 3줄의 가는 융기선이 있으며 겹눈의 뒷부분은 흑색이다. 암컷의 소순판은 대부분 담황색이고 수컷의 경우 흑갈색이다. 날개는 반투명한 회색을 띠며 날개 끝은 약간 갈색이다. 알은 길이가 0.6㎜ 정도인 바나나 모양이고 한쪽 끝이 약간 뾰족하다. 이 알은 잎의 주맥 또는 잎집 조직 속에 있다. 우리나라에서 월동하는 벌레로 3~4령으로 논뚝이나 밭뚝, 제방뚝 등에서 겨울을 지낸다. 년5회 발생하며 3월 하순부터 보리밭으로 이동하여 1세대를 경과하고 2세대 어른벌레가 묘판이나 본논으로 이동한다. 이때의 어른벌레나 약충이 줄무늬잎마름병을 매개 한다. 알 기간 7~10일, 약충기간 18~20일, 어른벌레 기간 20~25일이다.

방제 발생 상습지에서는 내병성 및 내충성품종을 재배해야한다. 겨울에 논두렁 또는 제방을 소각하여 월동약충을 구제해야한다.

▲ 애멸구 장시형 암컷성충

▲ 애멸구 장시형 수컷성충

▲ 흡즙가해 중인 애멸구 유충

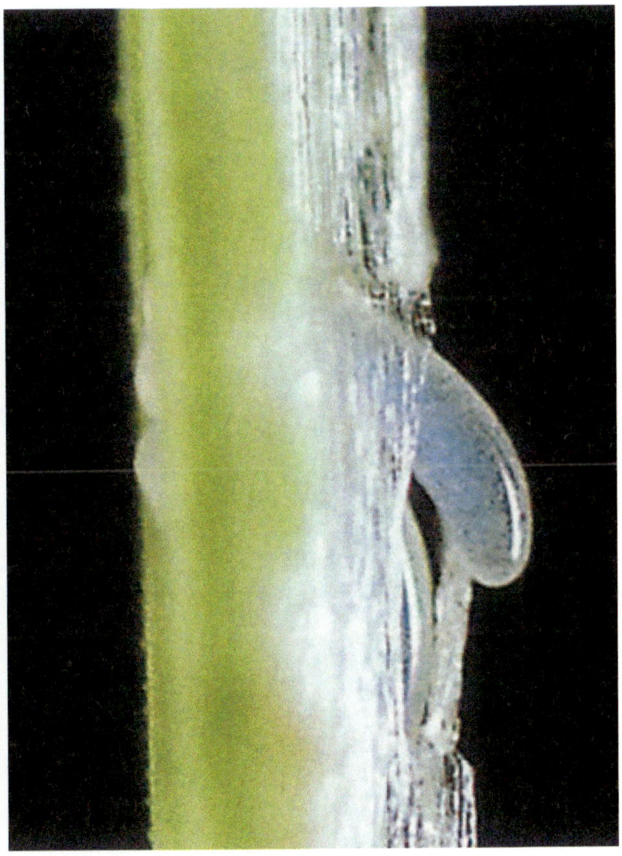

▲ 애멸구가 엽초에 산란한 알

벼 애멸구

▲ 애멸구 약충

▲ 애멸구의 매개로인한 벼 줄무늬잎마름병

05 벼멸구

(Brown planthopper, *Nilaparvata lugens* Stal)

가해양상 이 해충에 의한 피해로 옛날부터 여러번 기근을 초래한 기록이 있고 수십 년에 1회씩 대발생하여 큰 피해를 입혀 왔으며 숙주 식물은 벼 외에 옥수수, 피, 바랭이, 사탕수수 등이다. 이 해충은 주로 벼 포기 밑 부분에서 약충이나 어른벌레로 직접 즙액을 빨아먹어 가해한다. 6~7월 에 해외에서 날아온 벌레는 8월부터 밀도가 높아지면 출수 전후에 아랫잎으로부터 황색으로 변하다가 집중적으로 가해를 받은 벼줄기가 약해져 부러지게 되므로 논의 군데군데에 둥글게 집중고사 현상이 9월 상순부터 나타나기 시작하고 그것이 확대되면 대면적의 벼가 쓰러져서 막대한 감수를 가져온다.

형태와 생활사 벼멸구는 우리나라에서는 월동을 하지 못하며 해에 따라 6월 중순~7월 중순에 동남아시아 및 중국 양자강유역으로부터 장마철의 저기압 기류를 타고 날아와 발생원이 되고 있다. 어른벌레의 길이는 장시형은 4.5~5.0㎜, 단시형은 3.3㎜ 정도이다. 몸과 머리는 암갈색, 겹눈은 흑색, 홑눈은 흑갈색, 더듬이는 암갈색이다. 앞가슴과 소순판은 암갈색이고, 3줄의 융기선이 있으나 분명하지 않다. 약충은 부화당시는 유백색이지만 차츰 담갈색 내지 흑갈색으로 변하고, 몸 표면에 백색의 밀랍가루가 붙어 있으며 특히 제3, 4배마다 등판의 막질부에 많아서 백색무늬로 보인다. 벼멸구의 각 태별 발육기간은 환경에 따라 다르나 6~9월 사이에는 알에서 어른벌레가 되기까지 24~34일이 걸리며 어른벌레의 수명은 20~30일, 알기간은 6~10일이다. 산란은 엽초 및 잎의 중륵에다 7~10개 정도씩 알 덩어리를 형성 하여 낳고 한 마리가 보통 300개 내외의 알을 낳는다. 약충기간은 12일 정도이며 4회 탈피하여 성충이 된다. 비래 당시의 밀도에 대한 본논 말기의 최고 밀도는 1500~2000배로서 증식률이 아주 높으며 고온 시에는 1만 배에 달하기도 한다.

방제 질소질 비료의 과다 사용을 피하고 내충성 품종을 재배한다. 해외에서 날아오는 해충이므로 그해의 날아오는 시기, 날아오는 량과 포장 예찰결과에 따라 방제해야 한다. 대체로 7월 중순까지 날아온 것이 피해를 주는 원천이 되고 방제 시기는 해에 따라 다르지만 일반적으로 비래 4주후인 7월 하순~8월 상순이며 이때 본논의 100주당 암컷 단시형 성충이 20마리 이상이면 반드시 방제해야 한다.

벼멸구

▲ 벼멸구 단시형성충

▲ 벼멸구 단시형유충

▲ 벼멸구가 엽초에 산란한 난괴

▲ 흡즙 가해중인 벼멸구 유충

▲ 벼멸구 발생포장

▲ 벼멸구의 피해(집중고사현상 hopper bum)

06 벼 흰등멸구

(White-backed planthopper, *Sogatella furcifera* Horvath)

▲ 흰등멸구 장시형성충

▲ 흰등멸구 단시형성충

가해양상 어른벌레 및 약충이 직접 즙액을 빨아 먹어 가해 초기에는 아랫잎이 황색으로 변하고 잎집까지도 황갈색으로 변하며 생육이 나빠지는데 심하면 전체 벼줄기와 잎이 황색으로 말라죽게 된다. 지역에 따라서는 출수기에 이삭부위에서 가해하기도 하고 배설물로 인한 그을음병을 유발한다. 벼멸구와는 달리 집중피해의 위험성은 없지만 논 전체의 벼 생육이 고르지 못하게 되며 해에 따라서는 벼멸구보다 더 많은 수량의 감소를 가져올 수도 있다. 벼멸구와는 달리 광식성으로 벼, 보리, 밀, 조, 옥수수, 수수, 사탕수수, 바랭이, 피, 포아풀, 줄 및 기타 벼과식물과 사초과식 물의 숙주가 된다.

형태와 생활사 어른벌레는 장시형의 경우 4.0~4.5㎜, 단시형의 경우 2.5㎜이다. 몸은 담황 색이며 암컷이 수컷보다 엷다. 정수리는 돌출하여 나비의 1.5배에 달하며 방패판의 중앙부는 긴 6각형으로 황백색이고 양쪽은 흑색이다. 약충은 유백색 또는 흑갈색으로 제3, 4배마디의 중앙은 외관상 큰 백색 무늬를 띠고 있으며 마디 사이 막에는 많은 백색 밀랍가루가 붙어 있다. 벼멸구와 마찬가지로 중국 남부지역에서 남서풍과 함께 우리나라에 날아와 3~4세대 증식한다. 이들은 벼멸구와 같은 시기에 날아오나 날아오는 량은 벼멸구에 비하여 10배 이상 많다. 비래 후 1세대 유충의 밀도가 가장 높고 일찍 이앙된 곳에서는 날아온 시기가 빠를 때에 초기밀도가 높으나 8월 중순경 출수 전후하여 밀도가 급격히 감소한다. 그 이후에는 벼의 영양상태가 벌레의 발육에 부적합하고 유충기의 높은 밀도로 인하여 장시형이 되는 비율이 높아지는 등의 이유로 분산 이동하게 되어 벼멸구와 같이 9월까지 높은 밀도를 유지하는 경우는 드물다. 흰등멸구는 25℃에서 1세대는 약 24일로서 6월 부터 8월의 기온에서는 20~30일 만에 1세대를 경과한다. 어른벌레의 수명은 15, 16일이며 산란 수는 250개 정도이다. 흰등멸구는 세대당 2배씩 증가하여 최종세대에는 4배로 증가하게 된다.

▲ 흰등멸구가 엽초에 산란한 난괴(좌) 및 산란흔(우)

▲ 흰등멸구 약충

▲ 물고에 뜬 흰등멸구

방제 산간지대의 논 또는 늦게 심은 논에 많이 발생하므로 상습발생지에는 내충성품종을 재배하도록 해야 한다. 방제적기는 대체로 7월 하순에서 8월 상순으로 날아온 량이 많은 해 또는 발생밀도가 높은 해에는 약제방제를 해야 한다.

07 벼 메뚜기

(*Oxya chinensis Thunberg*)

▲ 벼메뚜기 성충

▲ 벼메뚜기 피해

가해양상 주로 벼과 식물을 장기간에 걸쳐 갉아 먹으며 대발생시에는 밀, 보리, 조, 목화, 배추, 고구마, 콩 등의 작물에도 가해한다.

형태와 생활사 어른벌레는 길이가 30~38㎜이고 몸은 황록색이며 머리와 가슴은 황갈색이고 겹눈은 광택이 있는 회갈색이다. 앞가슴의 등면에 3줄의 가느다란 가로 홈이 있고 양쪽에 갈색의 세로줄이 있다. 날개는 황갈색이고 배 끝보다 길게 벋어 있으며 뒷다리는 발달하여 잘 뛸 수 있다. 알은 길이가 4㎜ 정도이며 긴 타원형으로 황색이고 타원형의 무더기로 흙덩어리 사이에서 발견된다. 1년에 1회 발생하고 월동하며 6월에 부화하여 지상부에 나타난다. 벼 및 벼과식물을 갉아먹고 자라다가 묘판으로 옮아가 몇 차례 탈피한 후 8~9월에 어른벌레가 된다. 어른벌레가 되면 잎을 마구 갉아먹으며 이삭이 나온 후에는 이삭도 갉아먹는다. 산란 수는 약 100개이고 몇 개의 무더기로 나누어 논둑이나 기타 흙덩어리 사이의 땅속 2㎝ 정도 되는 곳에 알을 낳는다.

방제 가뭄 때에 발생하는데 현재는 별로 피해를 주지 않는다. 벼농사용 살충제로 방제할 수 있다.

08 벼 번개매미충

(*Recilia dorsalis,* Motschulsky)

형태 매미충과. 성충의 몸길이는 3~4mm이다. 전체적으로 황백색이며, 담갈색의 무늬가 있다. 정수리는 황백색, 겹눈은 암갈색, 홑눈은 황색이다. 앞날개는 담회황색이며, 그 중앙부에 세로로 난 뚜렷한 번개모양의 담갈색 무늬가 있다. 알의 길이는 약 1.2mm이고, 바나나모양으로 백황색이며, 산란 직후에 백색이고, 그 후 황색으로 변한다. 유충은 5령을 경과한다.

피해와 행태 유충은 다수가 엽초 위에서 흡즙하며, 성충은 엽초 또는 엽편 위에서 흡즙한다. 성충의 흡즙으로 엽록소가 파괴되지 않는다. 또한 흰색 반점도 나타나지 않는다. 흡즙이 심한 포기는 황색으로 고사한다. 일반적으로 흡즙 피해는 적다. 고온인 해의 8월 중순 이후에 저습답에서 다발생하는 경우가 있다. 벼의 오갈병을 매개하지만, 매개력은 끝동매미충보다 약하다. 벼의 엽초에 산란하고, 알로 월동하며, 연 4~5세대가 중첩된다. 성충은 벼의 잎 뒷면의 중륵(中肋) 조직 내에 줄 지어 또는 1개씩 산란한다. 암컷당 40~320개, 평균 130개를 산란한다. 암컷성충의 수명은 길어 21~25일이다. 수컷은 5일 정도 짧다.

09 벼 끝동매미충

(Rice green leafhopper, *Nephotettix cincticeps* Uhler)

▲ 끝동매미충 암컷성충

▲ 끝동매미충 수컷성충

가해양상 벼의 전 생육기간을 통하여 어른벌레와 약충 모두 즙액을 빨아먹어 직접적인 피해를 주며 또한 묘판 말기에서 본 논 초기에 바이러스병인 벼 오갈병을 매개하여 간접적인 피해를 준다. 집중 발생시는 산란으로 인한 잎집의 상처로 아랫잎들이 말라죽게 되며 6~7월에 고온 다조로 벼이삭이 팰 때 많이 발생하면 상위잎, 끝잎, 이삭 등을 가해하여 여뭄 비율이 떨어지고 배설물에 의한 그을음병을 유발하여 생육장애를 가져 오며 많은 수량감소를 초래한다.

형태와 생활사 어른벌레의 길이는 암컷의 경우 6㎜정도, 수컷의 경우 4~5㎜정도이며 황록색으로서 머리는 황색담록색이다. 겹눈사이에 흑색 띠가 있으며 그 뒤쪽 한가운데 선에 가는 흑색선이 있다. 겹눈은 흑갈색이고 홑눈은 황색이다. 날개는 황록색으로 날개 끝이 암컷의 경우 담갈색 수컷의 경우 흑색이다. 알은 길이가 1㎜정도인 긴 타원형의 바나나 모양으로서 잎집 조직 속에 들어있다. 초기에는 무색투명하지만 점차 담황색이 되고 부화 직전에는 더욱 짙은 빛깔을 띤다. 1년에 4~5회 발생하며 4령 약충으로 논둑, 밭둑, 제방에서 월동한다. 1회 성충은 4월 중순부터 발생하여 여름철에 각태를 볼 수 있고, 알 기간 6~10일, 약충기간 16~20일로 주광성이 강하여 유아 등에 잘 유인된다.

방제 내병성 및 내충성품종을 재배해야 한다. 벼 오갈병의 발생지에서는 제2세대 약충이 주로 바이러스병을 매개하므로 이 시기에 방제에 중점을 두어야 하며 제3세대에는 이삭을 가해하게 되므로 이삭이 팰 때에 중점을 두도록 한다.

▲ 끝동매미충의 매개에 의한 벼 오갈병

▲ 끝동매미충 피해

▲ 끝동매미충의 매개에 의한 위황병

10 벼 물바구미

(Rice water weevil, *Lissorhoptrus oryzophilus* Kuschel)

▲ 벼물바구미 성충

가해양상 어른벌레는 어린잎의 잎을 갉아 먹으므로 벼잎에 가는 흰색의 선이 생기게 되며 밀도가 높을 경우 잎 전체가 하얗게 변하고 포기 전체가 고사하여 결주가 생기는 경우도 있다. 알에서 깨어 나온 애벌레는 뿌리와 토양으로 이동하여 뿌리의 내부조직을 가해하며 양분이 고갈되면 다른 뿌리로 이동하여 갉아 먹으므로 뿌리가 끊어지게 되어 큰 피해를 준다. 유충은 땅속 3~9 ㎝ 범위에 주로 서식하는데 애벌레의 밀도가 높으면 초장과 뿌리의 감소 생육지연 및 하위엽의 황화가 나타나며 분얼이 되지 못하여 경수가 적어지며 키가 크지 못하게 되어 수량이 크게 감소하게 된다. 또한 피해를 받은 벼는 출수가 늦어지며 벼알이 제대로 여물지 못하는 경우도 있다.

형태와 생활사 어른벌레는 길이가 3㎜ 안팎의 암회색으로 바구미 모양이며 벼잎을 직선으로 갉아먹는다. 애벌레는 우유색으로 몸길이는 10 ㎜ 정도이며 땅속뿌리 근처에서 뿌리를 가해한다. 벼물바구미는 연중 1회 발생하며 어른벌레로 논두렁, 제방의 잡초, 산림등 지표면으로 부터 1~5㎝ 이내에서 월동한다. 월동처에서 겨울을 보낸 벼물바구미 어른벌레는 4월 하순부터 활동을 시작하여 월동처 주변의 잡초를 먹고 자란다. 5월 하순경 벼의 이앙이 시작되면 보행 혹은 날라서 본 논으로 이동한다. 어른벌레의 밀도는 6월 중순이후 급격히 감소하여 7월 상순경에는 최저 밀도를 나타낸다. 이 해충은 단위생식을 하는데 산란 수는 118~163개 범위로 하루 평균 2개 정도를 낳는다. 제2본엽의 잎집에 95% 이상을 낳으며 부화율은 온도가 높을수록 발육속도가 빠르고 부화율도 높아서 25℃에서 80.4%의 부화율을 나타냈다. 부화 애벌레는 1~3일간 엽초속에서 잎을 갉아먹은 후 물속으로 떨어져 뿌리로 이동하여 뿌리를 가해하는데 애벌레 기간은 30~40일, 번데기 기간은 7~14일 정도이다. 1세대 어른벌레는 한낮에는 벼의 지제부에 잠복하고 있다가 저녁이 되면 잎 끝으로 올라가며 8월 중하순이 되면 벼를 떠나 월동처로 이동한다. 어른벌레는 예찰등에 잘 유인되며 유살 최성기는 월동 후 어른벌레가 5월 하순~6월 중순, 1세대 성충이 7월 하순~8월 중순경이다.

▲ 벼물바구미 알(좌) 유충(우)

▲ 뿌리에 부착된 벼물바구미의 흙고치

▲ 벼물바구미 성충의 식해흔

예찰 및 포장의 방제기준

간이 예찰법 4월 하순부터 5월 중순에 성충이 월동하는 장소의 벼과잡초의 식흔을 조사한다. 신성충의 우화 후(8월 상순-하순) 논두렁의 벼과잡초에 새로 나온 잎에 발견되는 식흔을 매년 동일한 장소에서 조사한다. 성충의 침입 소장을 간이 하게 알려면 황색수반을 써서 유살조사를 한다.

포장의 방제기준 포장의 방제기준 이앙 2주후에 논두렁에서 1m 위치에 있는 벼 100주를 조사하여 피해엽율이 20% 이하일 때는 방제를 하지 않아도 된다. 이앙 2주후에 성충수가 논두렁에서 1m에 위치 한 벼 50주당 15마리 이상일 때 방제한다.

방제 기계 이앙 시에는 육묘상자에 입제농약을 하루 전 또는 이앙 당일에 뿌려 이앙하며, 손 이앙시에는 10a당 입제농약 1~4㎏를 써레질 전에 논 전면에 살포하여 토양과 골고루 섞이게 하거나 이앙 후에 논 전면에 수면처리 한다. 또한 직파재배나 어린모 기계 이앙 등의 재배에서는 잔효성이 긴 침투이행성 약제를 종자분의 처리함으로써 효과적으로 방제할 수 있다.

벼 물바구미

▲ 벼물바구미 유충에 의한 결주피해

▲ 벼물바구미 신 성충에 의한 피해

11 벼 뿌리바구미

(*Echinocnemus squameus* Billberg)

▲ 벼뿌리바구미 성충

▲ 식해흔

형태 바구미과. 성충은 전신이 회갈색이며, 입의 끝이 길고 몸이 단단한 딱정벌레다. 몸길이는 주둥이부터 꼬리 끝까지 약 5mm이며, 몸에 회황색의 가는 털이 촘촘하게 나 있다. 더듬이는 흑갈색이며, 끝부분은 약간 팽대하였다. 알은 타원형으로 0.6~0.9mm이며, 산란 시에는 유백색, 나중에 심황색으로 되고, 반투명하며 광택이 난다. 유충은 길이가 6~7mm로 머리부분은 갈색이고, 몸은 흰색으로 통통한 느낌을 주는 구더기 모양이며, 배쪽 면이 약간 굽었고 다리는 없다. 번데기의 길이는 4~5mm로 처음에는 유백색이며, 나중에 회색으로 변한다. 끝마디에 1쌍의 가시가 있다.

피해 산간부나 냉수관개답 또는 산림이나 잡목림 등의 그늘이 지는 논에 발생하는 경우가 많다. 성충은 이앙 후 지체 없이 벼의 수면 부근의 엽초부위에 주둥이를 집어넣고 식해한다. 그 때문에 그 후 전개된 엽신의 한가운데로 들어가 세로나 가로로 나란히 둥글게 상처를 낸다. 피해받은 잎은 바람이 불면 식해흔에서 굽혀 잘려지게 되며, 심하면 낫으로 자른 것처럼 된다. 잎이 식해되어도 곧 회복될 것 같이 보이지만, 유효 이삭수나 벼알수가 적지 않게 감수한다. 기계이앙, 특히 어린모를 이앙한 벼에서는 식해에 의한 영향이 크다.

생태 연 1회 발생한다. 유충이 벼 포기의 뿌리 사이나 땅속에서 월동한다. 5월 중순~6월 중순에 벼 포기 부근의 땅속에서 번데기가 되며, 약 2주의 번데기 기간을 거쳐 6월에 성충이 된다. 성충은 따뜻한 날의 낮에 활동하며 수면을 걸어 다닌다. 성충의 수명은 약 1개월로 포장에서는 8월 상순까지 성충을 볼 수 있다. 부화유충은 약 1개월에 노숙하고, 8월 중순부터 용화하여 우화한다. 벼를 벤 후에는 새로 나오는 포기나 논두렁의 잡초 뿌리 밑둥, 흙덩이 사이 등의 월동장소로 잠입한다. 유충은 물을 빼지 않으면 용화를 시작하지 않고, 늦게까지 담수상태로 있으면 유충인 채로 월동에 들어간다.

12 먹노린재

(Black rice bug, *Scotinophara lurida* Burmeister)

▲ 먹노린재 성충

▲ 먹노린재 난괴 및 부화유충

▲ 먹노린재의 줄기부위 흡즙피해

▲ 먹노린재의 피해

형태와 생활사 어른벌레는 진흑색이며 암컷의 길이가 9.3㎜, 수컷은 8.5㎜, 알은 길이가 0.9㎜ 정도의 회백색 구형이며 약충은 적갈색 내지 회갈색으로 다 자랐을 때 7.2㎜ 정도이다. 낙엽이나 고사한 잡초 속에서 월동한 먹노린재의 본논 이동시기는 6월 초이며 본 논에서의 발생최성기는 7월 초순 이었다. 알은 7월 상순부터 8월 중순에 발견되었고 최고밀도는 7월 하순이었다. 약충은 7월 하순부터 9월 하순까지 발생하였고 신성충은 8월 하순 부터 수확기까지 발생하였고 최고밀도는 9월 중순이었다.

13 가시점둥글노린재

(White spotted spined bug *Eysarcoris aeneus* Scopoli)

▲ 알무더기

▲ 가시점둥글노린재 성충

가해양상 벼 이삭이 파일 때부터 등숙기에 걸쳐 약충과 어른벌레가 벼이삭에 모여 흡즙 한다. 1년에 2회 발생하며 잡초 사이에서 어른벌레로 월동한다. 월동 어른벌레는 4월 중순경부터 활동하는데 이때는 주로 보리이삭에 흡즙 가해 한다. 4~6월에 부화한 약충은 20~25일 만에 어른벌레가 되는데 어른벌레의 수명은 60~80일이다. 우화최성기는 7월 하순~8월 상순이며 제2회 어른벌레는 9월 중순경에 출현한다.

형태와 생활사 회갈색 내지 흑갈색의 점각이 흩어져 있으며 더듬이는 연한 갈색이고 끝에서 두 마디는 흑갈색이다. 앞가슴 등판의 앞 양쪽에는 뚜렷한 흑갈색 무늬가 있어서 보랏빛을 띤 구리 색이며 광택이 난다. 양쪽의 돌기는 뾰족하고 작은 방패판은 끝으로 갈수록 폭이 좁아지며 그 기부 중앙에 황백색 무늬가 있다.

▲ 가시점둥글노린재 유충

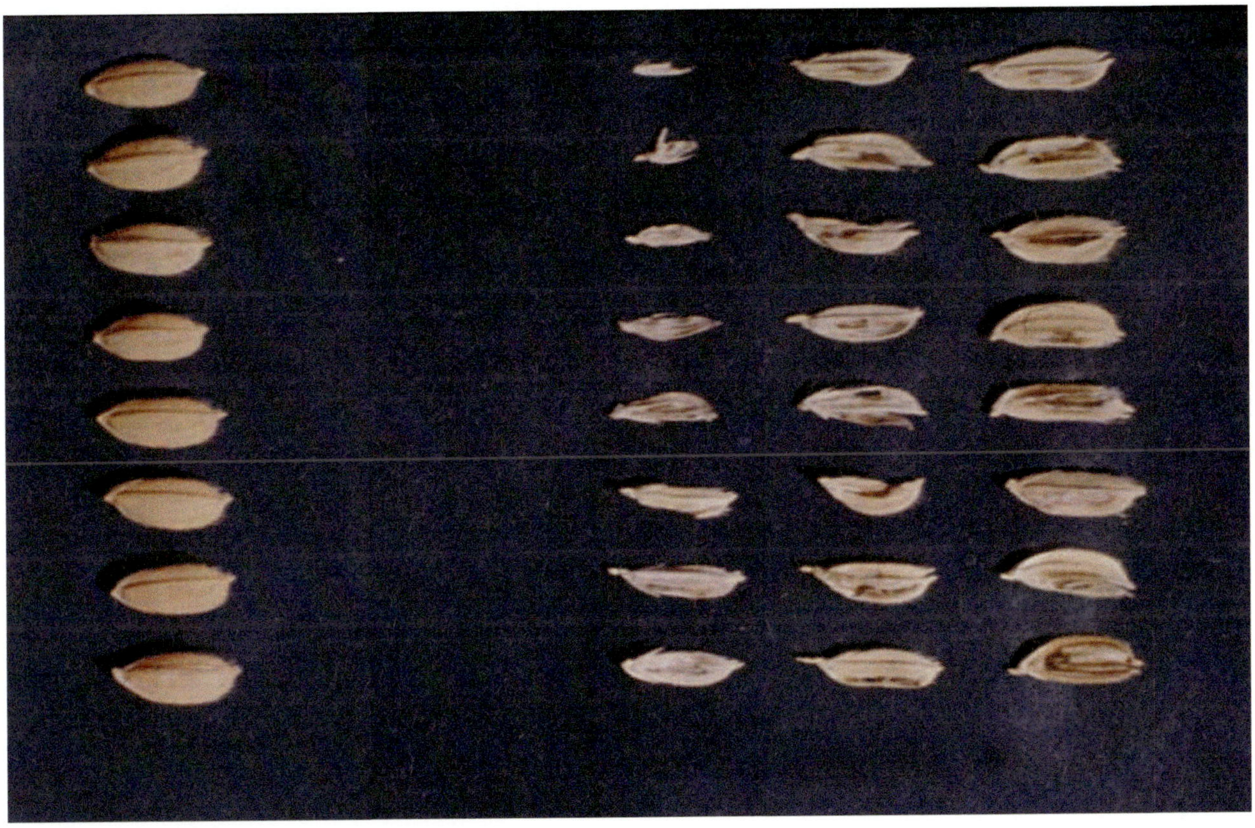

▲ 노린재 정상립(좌) 노린재 피해립(우)

14 벼 호리허리노린재

(*Leptocorisa chinensis* Dallas)

▲ 호리허리노린재 성충

▲ 난괴

형태 호리허리노린재과. 성충의 몸길이는 약 16mm 내외이다. 몸색은 황록색이다. 알은 잔 모양이고, 중앙부가 다소 함입되며, 장경은 약 1mm이다. 산란 직후에는 담록색이지만, 그 후에 적동색으로 된다. 어린 유충은 녹색이며, 성장하면서 황록색으로 된다.

피해 성충과 유충이 출수 후 등숙 초기부터 후기까지 이삭을 가해하지만, 특히 유숙기의 벼알을 선호한다. 등숙 초기에 가해하면 벼가 익지 못하고 푸릇푸릇한 증상이 나타나고, 쭉정이나 싸라기가 많아진다. 그 때문에 호리허리노린재가 다발생한 논에서는 수확이 전무한 경우가 알려진다. 등숙 중기 이후에 가해하면 다른 노린재에 비하여 벼알이 변질이상을 일으키는 경우가 많고, 피해립율에 비하여 알곡에 가까운 반점미의 발생율은 낮다. 성충과 유충 모두 내 · 외영穎 봉합부의 내영에서 비스듬하게 주둥이를 찔러 흡즙하는 특이한 가해를 한다. 따라서 피해부위는 벼알의 측면에 나타나는 경우가 많고, 벼알의 기부에서 끝의 어느 위치에도 나타나지만, 중간보다 위쪽부분에 약간 많이 나타난다. 피해받은 벼알의 입모 중의 발아율은 다른 노린재에 비하여 높다.

▲ 호리허리노린재 5령유충

▲ 호리허리노린재 1령유충

▲ 호리허리노린재의 피해를 받은 쌀(반점미)

생태 성충으로 월동하고, 보통 연 2세대를 경과한다. 벼로 이동하기 전에 바랭이, 피류 등 벼과 식물에 모여드는 것이 흔히 관찰된다. 알은 벼의 차엽과 지엽의 뒷면에 많이 산란하며, 20~30개씩 난괴로 산란한다. 산란기간는 장기간이기 때문에 6월 하순부터 11월에 걸쳐 성충과 함께 각 영기의 유충을 볼 수 있다. 성충은 주간에 활발하게 날지만, 불빛에도 잘 모여든다. 벼의 수확기가 되면 성충은 주변 잡초에서 생활한 후, 월동장소로 이동한다.

15 미디표주박긴노린재

(*Togo hemipterus* Scott)

▲ 미디표주박긴노린재 4령유충

▲ 알

▲ 미디표주박긴노린재 성충

가해양상 1년에 2회 발생하며 어른벌레로 잡초 사이에서 월동한다. 월동 어른벌레는 4월 중순경부터 활동하며 제1회 성충 발생최성기는 7월 하순이고 제2회는 9월 상순이다.

형태와 생활사 몸은 대개 흑색이며 날개는 암갈색이고 머리는 크고 흑색이며 점각이 조밀하다. 더듬이는 황갈색이고 제1마디의 기부, 제2마디가 가장 길다. 앞가슴 등쪽은 흑색이고 그 후연 끝은 갈색이다. 앞 가장자리는 뚜렷하게 깃 모양으로 되고 중앙은 공 모양으로 늘어나 있으며 뒤쪽 가장자리 가까이에서 잘록해져 전체모양이 표주박을 연상하게 한다.

방제 대부분의 노린재류는 약제에 대한 감수성이 높다. 따라서 포장내의 노린재는 주위에서 추가로 유입되는 것이 없다면 1회 방제로도 효과를 볼 수 있다. 노린재의 발생이 많은 경우 약제 살포시 주변 논두렁이나 배수로 등 유입원이 될 수 있는 곳까지 함께 처리하는 것이 좋으며 약제 살포 시기는 출수 후 유숙기 이전이 좋다. 먹노린재는 어른벌레 이동 최성기인 6월 하순~7월 초순이 방제적기이며 경엽 처리제는 물론 카보입제를 사용하여도 효과적이다.

16 벼 땅강아지

(*Gryllotalpa orientalis* Burmeister)

▲ 땅강아지 성충

형태 땅강아지과. 성충은 전체적으로 갈색이며, 길이는 24~39mm이다. 전체적으로 황갈색에서 다갈색의 미모로 덮여있다. 앞날개는 짧다. 뒷날개는 길어 꼬리 끝을 넘는다. 앞발은 땅 속에서 생활하는 것에 적응되어 두더지의 앞발과 같은 모양을 하고 있다. 알은 반들반들한 장타원형이며, 폭이 약 2.5mm이다. 처음에는 유백색이나 점차 어두운 색으로 된다. 유충은 성충과 비슷하나 날개가 없고, 몸도 작다. 번데기는 없다.

피해와 생태 가해 시기는 4~6월과 월동 전의 9~10월이다. 성충은 직파나 이앙 직후의 모근을 식해한다. 땅 속에서 터널을 만들어 이동하기 때문에 그 부분의 흙이 솟아올라 어린 모가 수분을 잃고 고사한다. 벼가 생장하여도 논두렁 부근의 포기가 피해를 받는다. 논의 표면이 건조해지면 벼의 밑둥을 잘라먹고, 논두렁에 구멍을 뚫기 때문에 누수의 원인이 된다. 2년에 1회 발생하여 유충으로 월동한다. 월동한 성충은 3월 하순경부터 지표 가까이에 나와서 활동을 시작한다. 성충은 5~7월에 걸쳐 산란하나, 최성기는 6월 중순이다. 산란 시에는 땅 속에 부식물과 흙으로 타원형의 난실을 만들어 그 속에 산란한다. 하나의 난괴에 알의 수는 수십 개이며, 1마리 암컷은 여러 번 산란한다. 산란한 성충은 7월 경까지 대부분 사망한다. 알기간은 20~30일이고, 부화유충은 땅 속의 부식물이나 어린 식물의 뿌리나 줄기를 먹고 성장하여 9~10월에 성충으로 된다. 그 후 온도가 낮아 짐에 따라 점차 땅 속으로 깊이 들어가 월동한다. 생활에 호적한 환경으로는 땅이 적당히 습하고, 먹이로 부식물이 많으며, 흙이 부드러운 곳이다.

벼 땅강아지

▲ 땅강아지 종령유충

▲ 땅강아지 유충

▲ 땅강아지 유충

▲ 땅강아지 유충

▲ 땅강아지의 피해를 받은 포기

17 벼 왕우렁이

(Apple snails, *Pomacea canaliculata* Lamarck)

▲ 왕우렁이 성패

생태적 특성 남아메리카 아마존강 유역 얕은 호수나 늪지에서 서식하는 것으로 우리나라 논, 하천, 저수지 등에 자생하는 우렁이와 형태가 흡사한 배다리로 이동하는 연체동물로 1981년 일본에서 들어온 것으로 알려지고 있다. 왕우렁이는 폐호흡을 하며 암수는 다른 몸으로 교미 후 3~7 일에 붉은색의 뭉쳐진 알 덩어리를 벼, 풀잎이나 서식지 시설물의 벽에 붙어 알을 낳는다. 1년 된 어미는 15~30일 간격으로 매회100~900개 정도의 알을 낳는데 연간 10회 정도 알을 낳는다. 알에서 새끼가 깨어나는 기간은 적정온도에서 7~15일이 소요되고 어린 새끼는 3개월 정도가 되면 어른 우렁이(20~30g)가 된다. 왕우렁이의 활동은 낮 한계 물의 온도는 최저 2℃, 최고 38℃ 이다. 먹이는 주로 밤에 먹으며 수면에 접하거나 물속에 있는 먹이만을 먹기 때문에 크게 자라 물 위로 올라온 식물은 먹지 못한다. 물위로 떠올라 흐르는 물과 함께 떠내려가 장거리까지 이동하지만 건조한 땅위에서는 이동하지 못한다.

피해와 대책 왕우렁이는 수면과 수면 아래에 있는 채소, 수초, 연한 풀을 먹는 습성을 이용하여 벼논에서 발생하는 잡초를 방제하는 친환경 오리농법이 1992년부터 활용되고 있다. 그러나 최근 추운 날씨에 약한 것으로 알려진 왕우렁이가 국내 기후환경에 적응해 겨울을 난 후(장항, 음성, 구미, 경주, 함양, 거창, 울산, 장성, 담양, 무안, 해남) 잡초가 없는 논의 어린벼(직파재배, 보식 묘) 잎을 먹어치워 남부지방을 시작으로 왕우렁이의 피해가 서서히 드러나고 있어 이에 대한 관리대책이 지적되고 있다. 아직 왕우렁이에 대한 적용약제로 등록된 약제는 없으나 담수직파 후 벼가 싹이 틀 때부터 기피효과가 있는 등록 고시된 약제를 살포하거나 파단을 뿌리면 효과가 있다.

▲ 왕우렁이 알(난괴)

▲ 왕우렁이 수로벽에 산란한 알(난괴)

▲ 왕우렁이 알(난괴)

▲ 왕우렁이 피해

18 벼 긴꼬리투구새우

(*Triops longicaudatus* LeConte)

▲ 긴꼬리투구새우 성체

형태 투구새우과. 논의 물 밑바닥 진흙을 뒤집어 풀을 근절시키는 습성으로부터 김매기 벌레라고 불린다. 몸의 앞부분은 편평하여 투구모양의 배갑으로 넓어지고, 가늘고 긴 원통형의 몸은 많은 마디로 이루어진다. 몸길이는 20~30mm이고, 몸색은 암녹갈색이다. 다리는 40쌍 이상이며, 끝에 약 20mm의 미편이 1쌍 있다.

피해와 생태 이앙한 벼에서는 제초 효과가 있어 좋겠지만, 직파한 벼에서는 어린 뿌리를 먹으므로 볍씨가 떠서 뜨는 모가 발생된다. 초여름 6~7월경 논에서 번식하고, 물 속의 생물을 먹는다. 수명은 약 1개월이다. 1916년 처음 발견된 귀화생물로, 이 종 외에 아시아계통의 *T. granarius*, 유럽계통의 *T. cancriformis*도 개별적으로 들어 온 것으로 보인다. 한국에는 전남, 경남, 충북, 강원도에 걸쳐 전국적으로 나타나며 환경부 보호2급 동물로 지정되어 있으며 무공해 농법의 수단으로 사용되고 있다.

19 벼 멸강나방

(*Mythimna separata* Walker)

▲ 멸강나방 성충

▲ 멸강나방 성충

▲ 멸강나방 성충

▲ 멸강나방 성충

형태 밤나방과. 성충은 전체적으로 황갈색~회갈색이며, 몸길이는 약 18mm, 날개 편 길이는 약 40mm이다. 머리부분의 겹눈은 비교적 크다. 암수의 더듬이는 실모양이다. 아랫입술에는 촘촘하게 털이 있다. 앞날개의 앞 가장자리 및 바깥 가장자리는 짙은색이다. 내선은 불명확하다. 수개의 검은 점이 있다. 알은 만두 모양이며 약간 광택을 띤다. 바깥 직경은 0.5mm이다. 산란 직후에는 황백색이며, 수일 후에 암자색으로 된다. 부화 직전에 흑색으로 변한다. 산란할 때 알은 아교상 물질로 붙여 엽초 내에 2~4열로 난괴를 형성한다. 각 난괴는 10~100개 전후의 알이 있다. 유충은 보통 6령을 경과한다. 작을 때에는 열은 황갈색이지만, 크면 개체에 따라 회녹색~흑녹색으로 되며, 세로로 구릉모양이 있다. 머리는 등황색으로 八자형의 검은 줄이 있다. 큰 것은 몸길이가 약 45mm이다. 용화시는 유백색, 그 후 황갈색~홍갈색으로 변한다. 길이는 19~23mm이며, 용화는 땅속 얕은 곳 또는 벼의 줄기 밑둥 내에서 이루어진다.

벼 멸강나방

▲ 멸강나방 번데기

▲ 멸강나방 노령유충

피해 발생 초기에는 잎에 불규칙한 식흔이 보이는 정도이지만, 4~5일 후에 잎이 식해된 포기는 줄기만이 삐죽하게 서 있는 심각한 상태로 된다. 피해는 처음에 대발생한 장소에서 논 전체로 퍼지며, 이어서 그 근처의 논으로도 퍼진다. 수해로 인해 관수된 논에서 잘 발생하지만, 수해가 없었던 때에도 8~9월에 걸쳐 출수기 전후에 발생하는 경우가 있다. 그 때는 잎만이 아니고 이삭까지 식해하여 큰 피해를 준다. 수수형 품종이나 비료를 많이 시용하여 재배된 벼, 보리를 심은 뒤의 벼 등에 잘 모여 집중적으로 산란한다. 해에 따라 지역에 따라 돌발적으로 발생하는 경향이 있다. 멸강나방은 1월의 평균기온 4℃ 이상의 온난한 지역의 벼과 식물의 기부에서 월동하며, 대발생시에는 국내 및 외국로부터 저기압의 동진에 동반하여 성충이 옮겨온 것으로 생각된다. 비료를 충분히 흡수한 벼에서는 성충의 산란도 유충의 발생도 많은 경향이 있다. 또한 유충기에 비가 적으면 유충의 생존에 적당한 조건이 된다. 온난하고 건조한 겨울과 5~6월의 이동기에 온난하고 비가 적은 해에 다발생하는 경우가 많다.

생태 월동지는 온난한 지역으로 한정된다. 1월 평균기온이 4℃ 이상의 온난한 지역의 벼과 목초의 포기 밑에서 유충상태로 월동한다. 연 3~5회 발생하며, 제1회의 성충은 4월에 제2회는 5월 중순~6월 중순, 제3회는 7월 하순~8월 상순, 제4회는 9월에 전국적으로, 나타난다. 알기간은 약 7일, 유충기간은 20~30일, 번데기기간은 10~15일이다. 제1세대와 제4세대의 유충은 보리, 벼과 목초 등을 가해한다. 제2세대 유충은 7월 중순~8월 상순, 제3세대 유충은 8월 하순~9월 하순에 발생하여 벼를 가해한다. 성장하면 주간에는 포기 밑둥에 숨어있고, 야간에만 식해한다.

▲ 멸강나방 종령유충

▲ 멸강나방 종령유충

▲ 멸강나방 종령유충

▲ 멸강나방 유충

▲ 멸강나방 알(난괴) 무더기

20 벼 혹명나방

(Rice leaf folder, *Cnaphalocrosis medinalis* Guenee)

▲ 혹명나방 성충

▲ 혹명나방 유충(좌)및고치(우)

▲ 혹명나방 난괴

▲ 혹명나방 피해

가해양상 혹명나방 애벌레는 벼 잎을 길게 원통형으로 말고 그 속에서 잎을 갉아먹는다. 처음에는 하나의 피해 잎에 여러 마리가 들어 있으나 차차 분산하여 한 마리가 한 개의 피해 잎을 만든다. 한곳에서 상당한 량을 먹으면 차츰 새로운 잎으로 이동하여 가해한다. 대발생하면 여러 개의 잎을 말고 갉아먹는다. 피해를 받은 잎은 표피만 남아 백색으로 되며 피해가 심할 때는 논 전체가 녹색을 잃게 되고 이삭 팸 새가 불량하며 등숙도 지연된다. 질소질 비료의 시비량이 많고 늦게 심은 논에서 발생량이 많다.

▲ 혹명나방 격발포장

▲ 혹명나방 피해상황

형태와 생활사 어른벌레는 몸길이가 11㎜ 내외 이며 날개를 편 길이는 17㎜ 이다. 몸은 담황갈색 이고 앞날개의 전연은 암갈색이고 수컷에는 전연의 암갈색의 모괴가 있다. 날개의 외연은 앞, 뒷날개 모두 암갈색이고 이것과 평행하는 암갈색의 선이 날개 길이의 1/2 및 2/3부근에 있다. 알은 납작한 타원형이고 진주 광택이 나며 담황갈색 내지 짙은 색이고 벼 잎에 1~2알씩 붙어 있다. 애벌레는 중령 때는 황록색이지만 노숙하면 연노랑에 약간 붉은색을 띤다. 중, 후흉 배면에 6개의 검은 점이 있고 노숙하면 크기는 14㎜가 되며 경피판은 담갈색이다. 해외에서 날아오는 해충으로 연간 발생 세대수는 날아오는 시기의 늦고 빠름에 따라 차이가 있으나 대개 2~3세대 경과하며 산란 수는 80~90개, 알 기간 5~7일, 애벌레 기간 20일, 번데기기간 8~15일, 어른벌레 수명은 9~20일이다. 어른벌레 발생 최성기는 7월 하순 ~8월 상순, 9월 상중순이며 11월 중순까지도 어른벌레가 관찰된다.

방제 이 해충은 해외에서 날아오는 돌발해충으로 발생 시기를 정확히 예측하여 적기에 방제하지 않으면 짧은 시간 내에 피해가 확산되어 논 전체의 벼 잎이 하얗게 되어 벼의 등숙율에 큰 영향을 주게 된다. 방제적기는 피해 잎이 1~2개 보일 때이며 이 시기에 방제를 하지 않으면 급격히 피해가 증가된다. 발생량이 적은 해는 1회 방제로 충분하지만 날아오는 량이 많은 해에는 7~10일 간격으로 2회 정도 방제를 해야 한다.

21 벼 애나방

(*Naranga aenescens* Moore)

▲ 벼애나방 암컷성충

형태 밤나방과. 수컷성충의 몸길이는 6~8mm, 날개 편 길이는 16~18mm이다. 머리와 가슴부위는 짙은 황색이고, 가슴부위의 등옆쪽은 암갈색이다. 앞날개는 짙은 황색이고, 날개 면에 2줄의 평행한 암자색의 폭이 넓은 무늬가 있다. 1줄은 앞가장자리 중앙에서 내연 중앙에 이르고, 다른 1줄은 앞날개 끝을 따라 둔각 부근으로 연장된다. 뒷날개는 암갈색이며, 연모는 담황색이다. 암컷성충은 약간 크며, 몸길이가 8~11mm, 날개 편 길이가 21~24mm이다. 머리와 가슴부위는 황색이며, 복부 등옆쪽은 황갈색이다. 앞날개는 황색이고, 날개 면에 끊어졌다 이어지는 옅은 자갈색의 비스듬한 무늬가 있다. 바깥측 1줄의 끝부분과 안측 1줄 가까이의 내연부분은 뚜렷하다. 뒷날개는 담황색이다. 월동세대 성충의 몸은 작다. 날개 면은 황갈색이고, 비스듬한 무늬는 암갈색이다. 알은 직경 0.45~0.5mm로 납작한 구형이다. 산란 당시에는 유백색, 그 후 갈색으로 변하며, 부화 시에 회자색으로 된다. 유충은 녹색이며, 등선은 짙은색이다. 나방류의 유충은 원칙적으로 가슴에 3쌍과 복부에 4쌍의 다리가 있지만, 배다리 4쌍 중에서 앞의 2쌍이 퇴화되어 자벌레 모양의 걷는 방식을 한다. 노숙유충은 몸길이가 약 20mm이다. 노숙하면 잎 끝을 3중 또는 2중으로 잘라 굽혀 실로 철하여 방을 만들고 용화한다. 엽초나 줄기 사이 등에도 들어가 용화한다. 수컷 번데기의 길이는 7~9mm, 암컷 번데기의 길이는 8~10mm이다. 용화 당시는 연갈색이지만, 그 후에 농자색으로 된다.

▲ 벼애나방 유충

▲ 수면에 떠있는 벼애나방의 번데기방

▲ 벼애나방 유충의 식해흔

피해 유충의 1~2령기에는 잎의 표피를 남기며 드문드문 엽육을 식해하기 때문에 스친 모양의 흰 무늬로 된다. 3령기 이후의 유충은 잎 가장자리에서 잘라내며 갉아먹는다. 심할 때는 잎 중앙의 가닥만 남게 된다. 조기재배에서는 성충이 빠르게 모여들게 되므로 초기의 피해가 많다. 전년의 제3회 성충(7월)이 많은 경우나 4월의 평균 기온이 높은 것 등으로 제1회 성충의 처음 발생이 빠른 경우에는 제2회 성충의 발생이 많아진다.

생태 볏짚 속에서 번데기로 월동한다. 4월 하순 이후에 성충이 되고, 성충은 벼나 잡초 등의 잎이나 엽초의 표면에 산란한다. 알은 7~8개씩 2~3열로 산란된다. 암컷당 산란수는 많은 것은 700개, 보통은 300~400개이다. 알은 6일에 부화하며, 유충은 잎을 식해하면서 약 20일간 생존한다. 유충은 잎을 잘라 굽혀 방을 만들며, 종령유충은 방을 잘라 떨어뜨리고, 그 속에서 번데기가 된다. 제2회 성충은 6월, 제3회 성충은 7월 중하순, 제4회 성충은 8월, 제5회 성충은 9월에 발생한다. 제2회의 발생은 특히 많고, 제5회는 매우 적다. 성충은 등불에 잘 모인다. 성충의 수명은 약 10일이다.

22 벼 밤나방

(*Sesamia inferens* Walker)

▲ 벼 밤나방 성충

▲ 벼 밤나방 성충

형태 밤나방과. 성충의 몸길이는 12~15mm, 날개 편 길이는 27~30mm이다. 머리와 가슴부위는 회황색, 복부는 담갈색이다. 앞날개는 거의 장방형이며 옅은 회갈색이고, 뒷날개는 흰색이다. 수컷성충은 약간 작고, 더듬이는 빗살모양이며, 암컷성충의 몸은 약간 크고, 더듬이는 실모양이다. 알은 직경 약 0.7mm로 약간 편평한 구형이며, 산란 직후는 백색, 그 후 담황색으로 변하고, 부화 전에 회갈색으로 된다. 벼 줄기의 엽초 내 엽이(葉耳) 부근에 2~3열로 배열하여 산란한다. 유충은 크게 되면 26~31mm이다. 머리부분은 홍갈색 또는 암갈색이고, 복부 등면은 자홍색을 띠며, 배다리가 발달한다. 3령 이전에는 앞가슴등면이 선황색이고, 이후에는 자홍색으로 된다. 5~7령을 경과한다. 벼를 가해하는 명나방과의 유충에 비하여 크다. 수컷 번데기는 길이가 13~15mm, 암컷 번데기는 15~18mm이다. 용화 직후에는 담황색, 그 후 황갈색으로 변한다. 등면은 짙은 색이다. 머리와 가슴부위에는 흰가루 모양의 분비물이 있다.

피해 광식성으로 벼 외에 보리류, 옥수수, 사탕수수 등 각종의 벼과 식물을 기주로 한다. 줄기 속으로 먹어 들어가는 해충이며, 이화명나방과 같이 벼나 보리 등에 백수를 만든다. 논 주변에 발생이 많다.

생태 유충태로 벼 포기나 땅속 얕은 곳에서 월동한다. 봄에 번데기가 되고, 5월에 우화한다. 성충은 이화명나방 정도의 주광성이 없지만, 예찰등에 모인다. 암컷성충은 교미 후 2~3일부터 엽초의 안쪽 면에 산란한다. 보통 4~5개의 난괴, 많을 때는 15개의 난괴를 산란한다. 난괴 당 30~60개의 알이 있다. 성충은 연 3회, 즉 5월 하순~6월 상순, 7월 하순~8월 상순, 9월 상중순에 나타난다.

▲ 벼 밤나방 줄기 속 번데기

▲ 벼 밤나방 종령유충

▲ 벼 밤나방 종령유충

▲ 벼 밤나방 유충

▲ 벼 밤나방 유충

▲ 벼 밤나방에 의한 피해흔적

23 벼 열대거세미나방

(*Spodoptera mauritia* Boisduval)

▲ 열대거세미나방 수컷성충(좌) 와 암컷성충(우)

▲ 열대거세미나방 유충

형태 밤나방과. 성충은 몸길이가 25~30mm, 앞날개의 길이는 35mm이다. 앞날개는 전체적으로 검고, 몇 개의 물결모양 선이 있으며, 중앙에 검은 무늬가 있다. 검은 무늬 아래에는 흰 점무늬가 있다. 알은 구형으로 담황색이다. 부화유충은 녹색으로 몸길이가 2mm이다. 못자리에서는 발견되기 어렵다. 영기가 진전되면 몸색이 회갈색으로 변하고, 각 복부마디의 측면에 반달모양의 검은 무늬가 있다. 몸 옆에는 윗가장자리에 적색을 띤 띠가 있다. 유충은 멸강나방과 같이 서식밀도가 높으면 흑갈색으로 된다. 노숙유충은 몸길이가 35~40mm이다. 번데기는 흑갈색으로 몸길이는 13mm이다. 땅속에서 번데기가 된다. 본 종은 머리부분에 담색의 포크모양 선이 있다. 또한 유충의 몸 양측에 3개의 띠가 있으며, 2번째는 적색, 1번째와 3번째는 담색 등으로 구별할 수 있다.

피해와 생태 동남아시아에서는 중요한 우점 해충이고, 못자리나 직파한 논에서 발생하며, 심각한 피해를 준다. 기주식물은 벼, 사탕수수, 옥수수 등 벼과 식물과 잡초이다. 피해받은 벼는 엽신(葉身)이 솔모양으로 되고, 줄기도 가해하며, 하루아침에 못자리가 전멸한다. 야행성으로 낮에는 벼의 잎 뒤, 잎줄기 사이에서 발견된다. 어린 벼는 말할 것도 없고, 출수중인 벼도 피해를 받는다. 식해 후에는 다음 논으로 이동한다. 난괴당 200~350개를 기부에 산란한다. 난괴는 암컷성충의 체표에서 나온 짧은 담황색의 털로 덮여있다. 암컷당 1,500개의 알을 산란한다. 알기간은 4~5일, 유충기간은 15~24일이다. 용화는 식물체의 줄기 사이나 땅속에서 이루어지며, 번데기기간은 7~14일이다. 1세대는 29~31일이 걸린다.

24 벼 화랑곡나방

(*Plodia interpunctella*)

▲ 화랑곡나방 성충

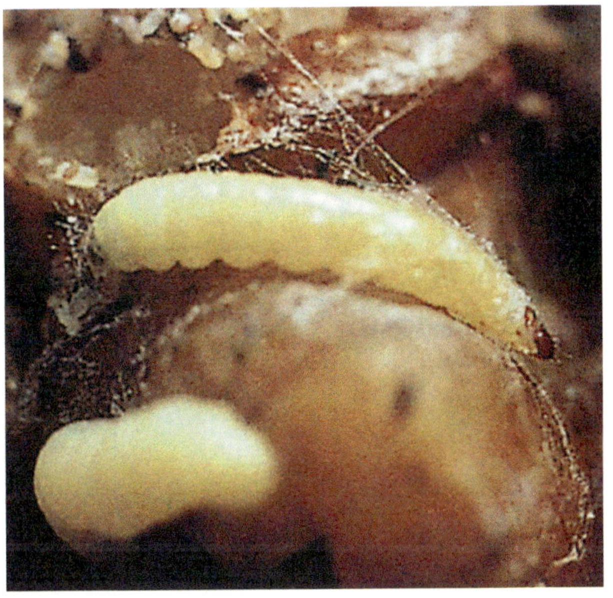

▲ 화랑곡나방 유충

▲ 화랑곡나방 유충

가해특성 저장중인 각종 식물질에 기생하며 쌀바구미보다 더 건조에 강하며 잡식성이어서 먹이에 따라서 가해 방식이 달라진다. 성충은 어두운 곳을 좋아하며 낮에는 쉬고 밤에만 나와 활동하며 오후 9~11시가 활동 최성기이다.

생태 및 특징 나비목 명나방과 저곡해충이다. 성충의 길이는 6~9mm이고 날개의 편길이가 14~17mm이며 다갈색으로 앞날개의 밑부에서 중앙부까지는 황회백색이고 미소한 흑색 점이 산재하며 나머지 부분은 회갈색~적갈색이고 뒷날개는 회백색이다. 먹이에 따라 몸의 크기가 다른데 콩을 먹은 것은 몸이 크고 쌀,현미 등만 먹은 것은 몸이 작다. 유충은 길이가 15mm정도이고 머리는 적갈색이며 앞가슴 피부판은 적갈색이다. 성충의 수명은 평균12일 이고 교미후 1~2일에 알을 낳기 시작하여 첫날의 산란수가 가장 많고 6~10일 동안에 평균160개의 알을 낳는다. 다 자란 유충으로 월동하는 것이 보통이지만 어린유충으로도 월동한다.

방제 방제가 어려운 저곡해충이다. 높은 습도와 고온(19~26℃)에서 발생이 많으니 완전 밀패한 용기에 보관할 것이며 나방은 보이는 대로 파리채 등으로 포살한다. 또한 화랑곡나방 페로몬트랩으로 수컷을 퇴치하는 예방효과가 있다고 한다.

25 벼 이화명나방

(Striped rice borer, *Chilo suppressalis* Walker)

▲ 이화명나방 성충

▲ 이화명나방 성충

가해양상 본논에 심은 벼가 활착하기 시작하면 벼의 잎집이 갈색으로 변하고 잎이 말라죽으며 잎집이 가해부에서 부러지고 잎이 처져 물에 뜨게 된다. 가해가 더욱 진행되면 가운데 잎이 황색으로 변하고 이어 전체가 갈색으로 변하여 죽는다. 이것은 제1화기 피해이다. 이삭이 팰 때가 되어도 이삭이 나오지 않거나 이삭이 나온 것도 흰색의 쭉정이 이삭이 된다. 이것이 2화기 피해이다. 줄기가 시들면 애벌레가 다른 줄기에 먹어 들어가게 되므로 1마리의 애벌레가 여러 개의 줄기에 피해를 주게 된다.

형태와 생활사 어른벌레의 길이가 12㎜정도이고 날개를 편 길이가 22㎜정도인 황회백색의 나방으로서 앞날개는 황회백색이고 외연에 7개의 흑색점이 있으며 뒷날개는 흰색이다. 머리와 가슴은 담회색 내지 달걀색이고 배는 회백색이다. 알은 1㎜정도의 납작한 타원형이며 수십 개의 알을 기와지붕 모양의 무더기로 낳는다. 애벌레는 길이가 20㎜정도이고 머리는 갈색이며 이빨은 암갈색이고 배선, 측선, 기문하선 등은 갈색이며 배면과 다리는 모두 엷은 빛깔을 띠고 있다. 이화명나방은 애벌레가 벼, 기장, 사탕수수, 줄풀, 갈대 등의 줄기를 가해하며 년 2회 발생하며 종령 애벌레로 휴면하여 볏짚이나 그루터기 기타 논두렁의 잡초 줄기 속에서 월동한다. 월동세대 어른 벌레는 5월 중순부터 7월 상순까지 우화하고 최성기는 6월 상순이다. 제2세대 어른벌레는 7월 하순부터 8월 하순까지 발생하고 최성기는 8월 상순이다.

▲ 이화명나방 난괴

▲ 이화명나방 번데기

▲ 줄기속의 이화명나방 유충

방제 이 해충에 대한 경제적 피해수준은 1화기 피해경율로 7~8%, 2화기는 백수율로 3%이다. 또 6월 20일 경의 엽초 변색 경의 발생주율이 50% 이하의 포장에서는 방제를 하지 않아도 된다. 방제 시기는 유아등을 이용하여 발아 최성일을 조사해서 결정하는데 제1화기 방제 적기는 발아 최성일후 11~17일 사이 이며 대체적으로 6월 상, 중순경에 해당된다. 제2화기는 발아 최성일후 5~7일 후로 8월 중순경이다. 1화기의 방제목표는 심고경을 줄이는 것으로 모가 어려서 뿌리의 활력이 왕성하므로 흡수 이행이 잘되는 입제농약을 살포할 경우 처리가 간편하고 벼물바구미등 초기 해충과의 동시방제가 용이하다. 2화기 방제의 목표는 흰 이삭을 줄이는 것으로 희석제 농약을 많이 사용하며 혹명나방과 동시방제를 할 경우에도 입제농약보다 유리하다.

벼 이화명나방

▲ 이화명나방 1화기 피해(심고경)

▲ 이화명나방 2화기 피해(백수)

26 벼 잎말이명나방
(Cnaphalacrocis exigua Butler)

▲ 벼잎말이명나방 유충

형태 명나방과. 성충의 몸길이는 약 5mm, 날개 편 길이는 14~16mm이다. 몸과 날개는 주로 황갈색이다. 앞날개에는 3개, 뒷날개에는 2개의 암갈색 세로줄이 나 있다. 앞날개의 앞가장자리 및 바깥가장자리는 갈색이다. 내횡선, 중횡선 및 외횡선은 갈색이다. 연모는 흰색이며 안쪽 절반은 갈황색이다. 뒷날개의 앞가장자리는 흰색이며, 앞날개와 같은 모양의 연모가 있다. 알의 직경은 0.3mm로 편평한 원형이며, 황갈색으로 벼 잎에 수개씩 세로로 산란한다. 유충은 13~15mm이다. 몸통은 거의 녹색이며, 머리부분 및 등쪽 방패는 담갈색이다. 노숙하면 황등색이 된다. 번데기는 황갈색이며, 길이는 8~9mm이다.

피해와 생태 2령 이후의 유충이 벼 잎을 세로로 철하고 그 속에서 식해한다. 잎이나 줄기 사이에 숨어 얇은 종이 모양의 고치를 짓고 유충으로 월동한다. 1화기는 5~6월, 2화기는 7월, 3화기는 8~9월이다. 본 종은 혹명나방과 유사한 점이 많지만, 혹명나방에 비하여 동작이 굼뜨며, 다른 곳으로 이동하는 경우가 적다. 잎을 고정하여 세로로 말며, 아래 잎은 배설물로 막히고, 상단은 실로 철하고 있기 때문에 유충을 위에서 볼 수 없다. 노숙유충은 철한 잎 속에서 흰색의 얇은 종이 모양의 고치를 만들어 용화한다.

27 벼 줄점팔랑나비

(Rice plant skipper, *Parnara guttata* Bremer et Grey)

▲ 줄점팔랑나비 성충

▲ 유충

▲ 줄점팔랑나비의 번데기

▲ 줄점팔랑나비 노숙유충

가해양상 혹부화 애벌레는 벼 잎의 끝을 세로로 말고 그 속에서 가해하거나 자라면서 몇 개의 잎을 끌어 이것을 말고 낮에는 그 속에 숨어 있다가 해진 후 (6~7시)에 나와 벼 잎을 잎가에서부터 먹어 들어가 주맥만 남긴다. 피해를 심하게 끼치는 것은 주로 2화기 애벌레인데 이때는 이삭이 나올 때에 해당되므로 그 피해가 더욱 심하고 잎을 말므로 이삭이 나오지 못하게 된다. 이 피해는 산간지에서 심하고 평야지대에서는 매우 적다.

▲ 줄점팔랑나비 유충에 의한 피해(집)

형태와 생활사 어른벌레는 그 길이가 20㎜ 정도 이고 날개를 편 길이가 35㎜ 정도인 자갈색의 통통한 나비로서 남색을 띤 농갈색이며 앞날개에는 반투명한 백색무늬가 7~8개 고리모양으로 배치되어 있고 뒷날개의 중앙에는 1열로 배열된 4개의 백색 반투명한 무늬가 있다. 날개의 표면에는 암록색의 짧은 털이 있고 앉아 있을 때에는 날개를 폈다 접었다 한다. 벼 및 기타 벼과식물의 잎에 1개씩 알을 낳는다. 애벌레의 길이는 35㎜ 정도인 방추형으로서 머리는 담록색이고 피부판은 담갈색이며 좌우에 갈색의 사선이 있고 다 자라면 백색 가루로 덮인다. 번데기는 길이가 25㎜ 정도이며 잎 속에 있다. 1년에 3회 발생하고 애벌레로 벼과식물에서 월동하며 이듬해 봄에도 계속하여 가해한다. 5월에 번데기가 되고 6월에 제 1화기 어른벌레가 나온다. 제2화기 어른벌레는 7월 상순~8월 상순에, 제3화기 어른벌레는 9월 부터 10월에 나온다. 이것은 주로 벼 잎에 알을 낳는데 산란 수는 80개 정도이고 알기간은 4~5일 이며 애벌레 기간은 3주일이다.

방제 7월 하순경에 이 해충에 등록 고시된 적용약제를 뿌려 방제한다.

28 벼 풀무치

(*Locusta migratoria* Linnaeus)

▲ 풀무치 성충

형태 투메뚜기과. 성충의 몸길이는 수컷 32~48mm, 암컷 39~53mm로 대형이다. 몸색은 보통 녹색에서 황갈색이다. 앞날개는 갈색 바탕에 암갈색 무늬가 있다. 뒷날개는 황색을 띠어 투명하여 무늬가 없다.

피해와 생태 여름부터 초가을에 걸쳐 성충과 유충이 국지적으로 벼나 억새, 옥수수 등 벼과식물을 식해한다. 때로는 피해가 적지만, 다발생하면 형태와 생태가 변하는 군생상으로 된다. 이른바 비래하는 메뚜기가 되어 이동하면서 많은 식물을 가해한다. 1세대에 70~80일, 북쪽에서는 연 1세대, 남쪽에서는 3~4세대를 경과한다. 배로 흙을 파서 땅 속에 산란관을 넣어 난괴로 산란한다. 알로 월동한다.

▲ 풀무치 군서형 성충

▲ 풀무치 고독형 성충

▲ 풀무치 성충

29 벼 총채벌레

(*Stenchaetothrips biformis* Bagnall)

▲ 벼총채벌레 암컷성충

형태 총채벌레과. 성충의 몸길이는 암컷 약 1.3mm, 수컷 약 1mm이다. 전체적으로 암갈색이다. 더듬이는 7마디로 암컷의 3번째 마디와 수컷의 1 ~ 4번째 마디는 황색이다. 홑눈 앞쪽에 가시털은 1쌍으로 보통 홑눈사이의 가시털보다 길다. 가운데가슴과 뒷가슴의 차상기 모두에 작은 가시가 없으며, 뒷가슴 전측판에 몇 개의 가시털이 있다. 복부 각 마디의 뒷가장자리에 작은 거치상 돌기가 있으며, 수컷은 뚜렷하다. 유충은 황백색이다.

피해 성충과 유충 모두 벼의 잎과 이삭을 식해한다. 잎의 식해는 모판부터 본답 초기에 많으며, 어린 잎에 은백색의 줄무늬가 나타나고 끝이 말려 고사하지만, 보통은 초기 생육이 지연되는 정도로 실제 피해는 적다. 출수 이후에는 꽃술에 즐겨 모이고, 꽃이 닫힌 후 이삭 내에 갇힌 성충과 유충의 식해에 의해 쭉정이나 불임벼 또는 상처를 받은 열매나 총채벌레 흑점미가 발생하며, 수량이나 품질에 현저한 영향을 주는 경우가 있다. 쭉정이와 흑점미의 발생율은 각각 최고 20 ~ 30%와 0.5 ~ 1.2%였던 예가 있다.

생태 많은 벼과 식물에 기생하므로 주변에 벼과 초원이 있는 논에서 다발생한다. 월동은 주로 성충, 가끔 유충으로 이루어지며, 온난한 지역에서는 3월말, 한랭한 지역에서는 5월경부터 활동한다. 연간 발생회수는 지역에 따라 달라 3 ~ 8세대를 경과한다. 성충은 모내기와 동시에 주변의 벼과 식물로부터 논으로 침입하며, 벼에서도 2 ~ 5세대 경과가 가능하다. 일평균 기온이 8℃ 이상에서 산란이 가능하며, 산란은 위쪽의 전개되는 잎 표면의 엽맥 조직에 1개씩 낳는다. 암컷당 1일 산란수는 3 ~ 4개로 총 산란수는 40 ~ 60개이다. 실내사육에 의한 알에서 성충까지의 전체 발육기간은 20℃에서 15 ~ 19일, 27.5℃에서 10 ~ 12일이며, 성충의 생존기간은 20℃에서 약 27일, 27.5℃에서 약 23일이다.

방제 논에서 벼총채벌레의 발생은 6월 하순~7월 상순, 8월 상순~9월 상순 등의 2회의 발생최성기를 보이는데 출수 후에 발생되는 총채벌레가 흑점미를 유발하는 등 벼에 직접적인 피해를 준다. 방제적기는 출수기 직전에 적용농자재를 경엽처리 해야 하며 희석제는 5~7일 간격으로 2회 처리 하는 것이 효과적이다.

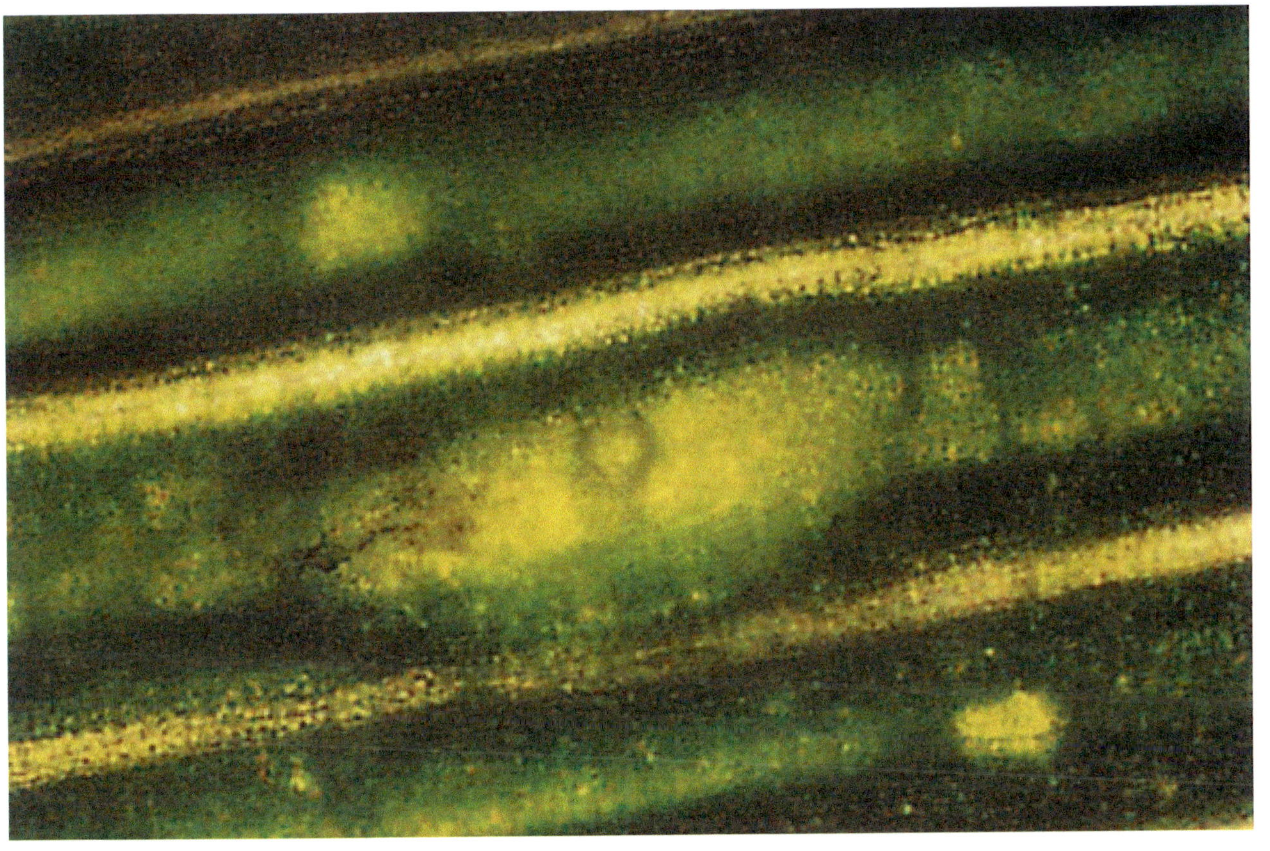

▲ 벼총채벌레 산란흔

▲ 벼총채벌레의 피해를 받은 쌀(흑점미)

30 벼 잎벌레

(*Oulema oryzae* Kuwayama)

▲ 벼 잎벌레 성충

형태 잎벌레과. 성충의 몸길이는 4~4.5mm로 전체적으로 청남색이며 금속광택이 있다. 목 부분만이 황갈색을 하고 있다. 머리부분은 검은색이다. 날개에는 10줄의 세로로 배열된 점각이 있다. 다리는 황색~황갈색이며, 몸의 배쪽 면은 검은색이다. 알은 긴 타원형으로 장경이 약 0.7mm이다. 산란된 직후는 담황색, 곧 갈색으로 되며, 그 후에 농자색으로 된다. 부화 직후의 유충은 머리가 홍색이고, 몸은 담황색이다. 노숙유충은 길이가 약 4~6mm이고, 머리부분은 작고 흑갈색이며, 복부 등면은 융기되어 있다. 몸통이 황갈색, 복부가 특히 부풀어 있다. 등면에 배설물을 지고 있으며, 이것이 진흙처럼 보인다. 노숙유충의 몸길이는 약 5mm이다. 번데기는 약 4mm이다. 황색이지만 우화 직전에는 암색으로 된다. 고치의 바깥측은 흰색의 왁스모양으로 속에 번데기가 들어있어 고치는 타원형이고 탁한 흰색이다.

피해 성충과 유충 모두 잎의 표면에서 엽육을 식해하고, 엽맥에 평행하게 하얗게 스친 듯한 모양의 상처를 남긴다. 심한 경우에는 논의 한 면이 새하얗게 될 정도이다. 특히, 추운 지역이나 고랭지에서는 냉해를 받으면 충해를 한층 조장하게 된다. 이 식해는 6월 말부터 7월에 잘 볼 수 있다. 피해는 초장이나 이삭당 벼알수, 천립중 등에는 영향이 적으며, 줄기 수나 이삭 수의 감소에 나타나므로 수수형 품종 쪽이 피해가 크다.

▲ 벼 잎벌레 알(난괴)

▲ 벼 잎벌레 유충

▲ 벼 잎벌레 유충의 식해흔

생태 연 1세대를 경과한다. 성충은 산간지의 양지바른 곳, 논두렁, 개울, 연못 주변의 벼과 잡초 사이 또는 뿌리 근처의 땅 속, 조릿대의 엽초 안쪽에서 월동한다. 5월 중순경부터 월동장소에서 나와 줄과 벼에 모여 산란한다. 산란은 7월 중순경까지 이루어지며, 엽면에 수 개씩 모아서 산란한다. 산란은 맑은 날에 많고, 흐린 날과 비오는 날에는 적다. 보통 2열씩 산란하며, 난괴당 2~13개의 알이 있다. 본종의 발생은 기후, 지형 등과 밀접한 관련이 있으며, 산간지는 월동에 유리하여 평지에 비하여 발생이 많다. 또한 겨울철~봄철에 온난하면 성충의 출현이 빨라진다. 장마, 특히 야간에 비가 내리면 유충의 생존에 유리하여 피해가 많게 된다.

방제 년 1회 발생하는 해충으로 효과적인 방제를 할 수 있는 해충으로 산란 최성기 및 부화 최성기인 못자리 말기나 본답초기에 희석제 농자재를 경엽살포 하거나 이앙시에 입제 처리제를 상자처리 한다.

31 벼 줄기굴파리

(Rice stem maggot, *Chlorops oryzae* Mastumura)

▲ 벼줄기굴파리 성충

▲ 벼줄기굴파리 알기

▲ 벼줄기굴파리 피해

가해양상 제1세대 부화 애벌레는 줄기 속으로 먹어 들어가 생장점 부근에서 어린잎을 먹고 자란다. 피해를 받은 잎은 후에 전개되면 가늘고 긴 구멍이 뚫린다. 피해 잎 1장의 엽신에는 여러개의 구멍이 생기며 길이 5~20㎜의 조직이 세로로 찢어진다. 피해부위는 황색으로 변하며 말라죽거나 위축된다. 제2세대 애벌레는 생장점 부근으로 이동하여 어린 이삭을 가해하므로 이삭이 파인 후 쭉정이가 된다. 중북부지방 산간지대에 피해가 많으며 이앙시기가 빠를수록 제1화기 피해는 많으나 2화기 피해는 적다.

▲ 벼줄기굴파리 피해

▲ 벼줄기굴파리류의 발생포장

형태와 생활사 어른벌레는 길이가 암컷의 경우 2.5㎜, 수컷의 경우 2.1㎜ 정도이며 몸 전체가 황색이다. 가슴등판에도 흑색의 굵은 줄이 세로로 3개가 있다. 알은 길이가 0.8㎜ 정도의 긴 타원형으로 백색이고 주위에 10여개의 융기선이 있다. 애벌레는 유백색이고 대체로 원통형이며 다 자란 애벌레의 길이는 4.0~4.8㎜이다. 번데기는 길이가 6.0㎜ 정도이고 담황갈색이며, 길고 편평하고 두 갈래로 갈라져 있다. 잎집 안쪽의 위쪽 끝에 배 끝이 단단히 붙어 있다. 년3회(5월 중하순, 7월 상중순, 9월 중순) 발생하며 뚝새풀이나 기타 벼과 잡초의 줄기 속에서 애벌레로 월동한다. 월동에서 깨어난 다음 발육을 시작하여 5월 중하순 경에 어른벌레가 된다. 이 어른벌레는 못 자리나 이앙된 논에 침입하고 벼잎에 1개씩 알을 낳은 후 2세대를 벼에서 보낸 후 9월 상순경 우화한 제3회 어른벌레는 뚝새풀로 날아가 알을 낳고 여기서 부화한 1령충이 생장점에서 월동하게 된다.

방제 벼줄기굴파리는 연 3회 발생하지만 방제는 제1세대와 2세대 애벌레를 대상으로 실시한다. 제1세대 방제적기는 5월 하순~6월 상순이며 입제농약을 수면처리 하거나 이앙 전 육묘상처리 한다. 또한 벼물바구미 다발지역에서는 종자 분의 처리로 벼물바구미등 본논 초기발생 해충과 동시 방제하는 것이 효과적이다. 제2세대 방제적기는 7월 중순이며 입제농약을 수면처리 하거나 희석제를 경엽처리 한다.

32 벼 잎굴파리

(*Agromyza oryzae* Munakata)

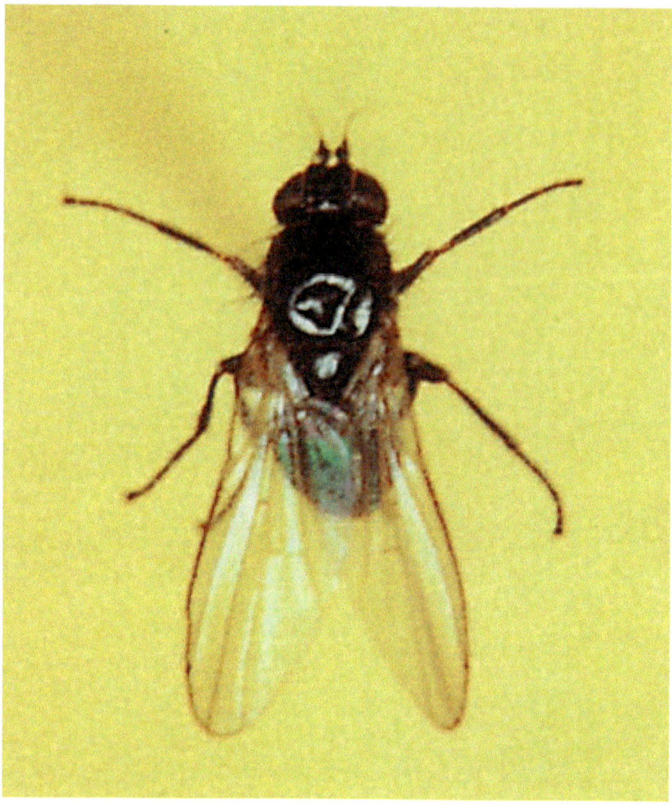

▲ 벼 잎굴파리 성충

형태 굴파리과. 성충은 작은 파리로서 몸길이 2~3mm이다. 날개 편 길이는 6~7mm이다. 알은 반투명하고 긴 타원형으로 길이가 약 0.4mm이다. 잎 끝부분의 엽조직 내에 산란한다. 유충은 처음에 유백색이지만, 나중에 담녹색을 띤다. 몸길이는 5~6mm로 성장한다. 번데기에는 우화(비휴면)형과 월동(휴면)형 2가지가 있다. 우화형은 갈색으로 월동형에 비하여 약간 가늘고 긴 느낌이 있으며, 잎에서 떼기 어렵다. 월동형은 검은색으로 굵고, 잎에서 떼기 쉽다. 길이는 모두 약 2mm이다.

피해와 생태 유충은 잎 속으로 잠입하여 표피를 남기고 엽육을 식해한다. 잎의 위쪽에서 아래쪽으로 가는 직선상으로 먹어나가며, 탈피 후 잠입하는 구멍은 서서히 넓어져 3령기에는 밑이 넓은 주머니 모양으로 된다. 식해받은 부분은 곧 갈색으로 마르고, 그 때문에 잎 끝이 비틀린다. 심할 때에는 논 전면이 하얗게 마르는 경우도 있다. 암컷성충은 기주확인 또는 흡즙을 위해 산란관의 줄모양 부분으로 표피에 상처를 내므로 그 상흔이 하얀 반점으로 남는다. 제1세대부터 피해를 받은 벼는 초기 생육이 억제되어 초장이나 잎의 길이가 짧게 되고, 줄기수도 적게 되며, 이삭수나 임실에도 영향을 미친다. 번데기로 벼 포기 사이에서 월동하며, 성충은 5~6월과 6~7월 2회 발생한다. 때로는 새로 나오는 포기에서 3회째 발생을 볼 수 있는 경우가 있다. 제1회 성충은 5월 중순경부터 6월 초에 걸쳐 우화하며, 잎의 조직 내에 산란한다. 알은 약 1주 후에 부화한다. 유충기간은 10일~2주이다. 노숙한 유충은 식해흔에서 탈출하여 점착물로 몸을 잎의 표면에 고착하여 번데기가 된다. 제1세대의 번데기는 우화형이 많고, 번데기 기간은 약 10일이다. 월동형의 번데기 기간은 10개월이나 된다. 제2회 성충은 6월 하순부터 7월에 걸쳐 나타난다. 유충기간은 약 1주이다. 피해는 7월에 보인다. 이 기간의 유충은 7월 하순부터 8월 상순에 번데기가 되고, 월동형으로 된다. 일부는 우화형으로 되어 3회째의 성충으로 발생한다. 발생기간 중의 기온이 20~25℃인 경우에 발생량이 증가하며, 그 보다 고온이거나 저온인 경우에 발생량이 억제된다. 특히 성충의 발생량은 냉해를 일으키기 쉬운 기상조건의 해에 많다.

▲ 벼잎굴파리 유충

▲ 벼잎굴파리의 피해 및 번데기

33 벼 잎물가파리
(*Hydrellia griseola* Fallen)

▲ 벼 잎물가파리 성충

▲ 벼 잎물가파리 성충

형태 물가파리과. 몸길이는 약 2.5mm로 수컷이 암컷보다 약간 작다. 날개 길이는 2.4 ~ 2.7mm이다. 몸은 회색 ~ 회갈색 가루로 덮인 검은색이다. 안면은 보통 황금색이고, 더듬이는 검은색으로 가시털의 갈래가 5 ~ 6개이며, 등 중앙의 강모는 3쌍인 것에 의해 *Hydrellia ischiaca* Loew와 구별이 가능하다. 날개는 투명하며, 다리는 검은색이다. 알은 흰 타원형으로 표면에 광택이 있으며, 장경은 약 1mm이다. 유충의 몸길이는 약 3.6mm이고, 원통형으로 약간 편평하다. 머리부분과 꼬리 끝은 약간 가늘고, 몸은 유백색 ~ 황백색이다. 번데기는 방추형으로 길이는 3mm이며, 갈색 ~ 황갈색을 띤다.

▲ 벼 잎물가파리 유충(좌) 번데기(우)

▲ 벼 잎물가파리의 피해포기

피해와 생태 벼의 잎에 잠입할 당시의 유충은 중륵(中肋) 가까이에 세로로 미세한 선 모양의 식흔을 만들지만. 성장하면 식해량이 늘어남에 따라 식흔은 불규칙하게 된다. 초기의 피해는 약간 퇴색되는 정도이지만, 식해가 진전되면 식흔이 흰 선모양으로 되고 나중에 갈변한다. 특히 식해받으면 잎 전체가 고사한다. 마르지 않아도 초기 생육이 억제된다. 일찍 심을수록 피해가 크다. 일찍 심으면 성충의 출현기가 이앙 직후에 해당되기 때문에 수면이 노출된 상태로 되고, 게다가 그 때 온도가 낮아 성충의 활동에 적합하기 때문이다. 조기 이앙재배의 보급에 따라 피해가 많아지고 있다. 피해는 6월에 많다. 1포기당 본수가 적은 경우나 침수된 경우에는 피해가 많다. 최근 담수직파에서 발생이 목격된다. 저온인 해에 다발생한 경우가 있다. 광식성으로 기주식물은 벼과, 방동사니과, 벗풀과의 3과 46종에 이른다. 주로 번데기로 뚝새풀이나 겨이삭, 줄 등 벼과 잡초의 엽육이나 엽초 속 또는 뿌리 밑둥에서 월동한다. 연 4~8회 발생한다. 성충은 수로변이나 습지를 선호하여 수면 가까이를 날거나 수면에서 떠오르거나 한다. 알은 3일~ 1주일 정도에 부화한다. 유충기간은 10일에서 2주이며, 노숙하면 잎 조직 내에서 번데기가 된다. 약 1주정도에 성충으로 된다. 성충의 수명은 2주이다. 벼에 대한 가해는 생육 초기에 많고, 무성한 벼에는 산란하지 않고 벼과 잡초에 기생한다.

방제 저온성 해충으로 5월 상순부터 이앙 직후의 모에 산란하는데 특히 물위에 늘어져 있는 잎에 많은 알을 낳으므로 노숙모를 이앙한 논에서는 모낸 후 논물을 깊이 대지 않도록 한다. 벼물바구미와 동시방제가 가능한 농자재를 선택하여 이앙 당일 상자처리하거나 본답 방제를 하는 것이 좋다. 유충기가 짧아 방제시기를 놓치기 쉬우므로 예찰에 각별한 주의가 필요하다.

34 벼 아이노각다귀
(*Tipula aino* Alexander)

▲ 아이노각다귀 성충

▲ 아이노각다귀 성충

▲ 아이노각다귀 성충

형태 각다귀과. 성충은 몸길이가 15~18mm로 큰 모기같은 모양이며, 다리는 매우 길다. 유충은 흑갈색으로 몸길이는 3cm에 달한다. 봄이 되어 지온이 약 6℃가 되면 몸길이가 약 2cm인 흑갈색의 번데기로 된다.

피해와 생태 직파답에서는 유충이 볍씨의 외피만을 남기고 중심부를 먹어치우며, 발아 후에는 그의 어린 싹이나 어린 뿌리를 식해하여 뜸모나 쓰러진 모가 된다. 때로는 유묘를 지제부에서 잘라버리는 경우도 있다. 피해는 파종한 논에서 많다. 9월 이후 제2세대 유충은 보리를 가해한다. 보통 연 2회 발생하며, 유충으로 땅속에서 월동한다. 성충의 발생 최성기는 4월 말부터 5월 중순경이다. 성충은 불빛에 잘 모이며, 수명은 약 10일로 그 사이에 습지나 물을 뺀 논, 논두렁 등의 습한 곳에서 1개씩 검은색의 장경이 1mm인 장타원형의 알을 낳는다. 암컷당 300~600개의 알을 낳는다. 알기간은 1~2주이다. 부화한 유충은 땅속에 남아서 서식하며, 4~5개월의 유충기간을 거쳐 번데기가 된다. 약 10일의 번데기 기간을 경과하여 9월 경에 제2회 성충이 된다.

35 벼 깔따구과 일종

(*Tanytarsus oryzae* Matsumura)

형태 깔따구과. 성충의 몸길이는 2.5~3mm로 언뜻 작은 모기와 같다. 암컷은 담갈색, 더듬이는 실모양이며, 날개는 암갈색이다. 수컷은 약간 작고, 가늘고 길며 검은색으로 더듬이는 깃털모양이다. 알은 매우 작은 타원형이며 유백색이다. 고리모양으로 산란하며, 표면은 아교질로 덮여 있다. 노숙유충의 몸길이는 약 5mm이고, 어린 유충은 회백색이지만, 노숙하면 적색으로 된다. 머리부분은 작고 갈색이다. 몸통부는 1번째 마디에 돌기가 있고, 끝마디 등 위에 2개의 돌기와 수개의 강모가 있으며, 그 아래에 2쌍의 주머니모양 돌기가 있다. 번데기는 길이가 약 3mm이고, 담갈색으로 가슴의 등쪽에 암색의 무늬가 있다. 머리부분은 담황색이며, 겹눈은 검다.

피해와 생태 주로 직파답의 해충이며, 원통형의 집을 만든 유충이 물 밑을 돌기 때문에 어린 모가 쓰러져 뜨게 된다. 또한 볍씨의 배나 어린 싹, 어린 뿌리도 식해하여 생육이 불량하게 된다. 일반적으로 유기질 과잉으로 배수가 불량한 습지에 다발생한다. 성충태로 월동하며, 연 3~4회 발생한다. 성충은 이른 봄에 수면 위나 진흙 위에 산란한다. 암컷당 산란수는 200개 이상이며, 알기간은 4~5일이다. 유충은 진흙이나 부식질로 만든 부드러운 원통으로 된 집 속으로 들어간다. 유충기간은 30~45일이며, 제2회 성충은 6월 중순~7월 상순에 나타난다. 성충은 바람이 없는 날에 군무를 한다. 유충은 맑은 날에 원통형의 집을 비스듬하게 세워 흔드는 경우가 있다.

벼 생리장애

[Physiological stress]

01 이끼, 괴불방제법

▲ 녹조류피해(이끼)

피해 이끼는 군락 식물문으로 조류(藻類)보다는 고등 식물로 조류와는 다른 분류군에 속한다. 논에 괴불을 일으키는 조류는 규조류(珪藻類)이며 전국적으로 균일하게 분포되어 있으며 체색은 보통 갈색 또는 황색으로 동화집적산물은 유지이다.

이끼 물위에 떠 있으면 물속의 양분을 섭취하고 햇볕을 가려서 수온의 상승을 막으며 물결에 밀려 모가 이끼와 함께 움직여서 뿌리 뻗음을 방해한다. 이끼는 비료, 특히 인산, 질소의 사용량이 많을 때와 물이 깨끗하지 않을 때 많이 발생한다.

괴불 못자리 표토에 규조류가 번식하여 분비하는 물질이 토양입자를 결합시켜 모판 표면에 한 층의 토양교질물의 피막이 생기고 토양 속에서 나오는 기포(氣胞) 또는 가스가 표토 껍데기에 붙어 그것이 부력에 의하여 떠오르는 현상으로 동화작용이 왕성히 이루어 질수 있도록 온도가 높고 햇볕이 강한 날에 괴불이 일어난다. 규조류는 약 25℃의 물 온도와 PH6~7에서 번식이 왕성하고 규소화합물이 증식에는 필수적이며 인산의 요구도가 많은 편이다. 또한 미숙하고 발효성이 있는 유기질을 다량 시용한 경우, 오수를 관개하는 경우 등도 발병유인이 된다.

대책 이끼 및 괴불방제의 사전대책은 인산질 비료의 밑거름 무시용 또는 입모 후 시용 그리고 완숙퇴비사용, 완효성복비, 저인산복비의 전층시비가 이루어져야 한다. 이끼 및 괴불 발생시의 대책으로는 물걸러대기 실시, 굵은 모래를 평당 3L 정도 뿌려준다.

02 도복(倒伏 Lodging)

피해 벼 재배기간 중에 생육이 과번무하거나 태풍, 호우 등 외부환경에 의하여 지상부가 쓰러져 수량 감소와 품질저하의 원인이 되며 기계화 효율을 낮추는 피해를 도복이라 말한다. 도복은 지상부 하중에 대한 줄기 하부가 받는 지지력이 약할 때 줄기가 만곡 되거나 줄기의 마디 및 절간부가 좌절되고 뿌리를 포함한 포기 전체가 쓰러지는 정도에 따라 만곡도복, 좌절도복, 뿌리도복으로 구분되며 도복정도는 담수손뿌림, 무논골뿌림, 건답줄뿌림, 기계이앙, 손이앙의 순으로 잘된다.

대책 벼 도복방지의 근본적인 대책은 내도복성 품종이다. 도복에 강한 품종은 키가 작고 줄기가 굵고 간벽이 두껍다. 직파재배에서 도복발생이 심한데 직파재배 전용품종은 안산벼, 주안벼, 농안벼 등이 있다. 지나친 밀식과 밀파를 피해야 한다. 이앙재배의 경우 재식거리는 30×15cm, 주당묘수 3~5주가 적당하며 담수표면직파의 경우에는 파종량 3~4kg/10a에 입모수 80~120개/㎡가 도복을 경감 할 수 있다. 적정 질소 시비량은 이앙재배와 담수직파는 11kg이고 건답직파는 15kg인데 적정시비량을 준수해야 도복을 경감시킬 수 있다. 알맞은 시기에 간단관수나 중간낙수를 실시한다. 도복이 잘되는 담수직파의 경우 파종 후 20, 40, 60일에 중간낙수를 실시하면 도복을 크게 줄일 수 있다.

03 수해(침관수피해)

▲ 침수피해

피해 강수량이 지나치게 많아 물이 미처 빠져나가지 못했을 경우 또는 하천이 범람하였을 때 논에 과다한 물이 들어오게 되는데 이때 식물체 일부가 수면위에 노출된 상태인 침수와 식물체 전체가 물에 잠긴 상태인 관수를 합하여 이르는 말이다. 침관수의 피해정도는 침관수기간, 물 흐름의 정도, 물의 온도, 수질 등에 따라 달라진다. 피해정도는 침수기간이 길 때 피해가 크며 흐르는 물보다 정지된 물에서 온도가 낮은 물보다 높은 물에서 그 피해는 크다. 또 벼의 생육 시기 별로는 감수분열기, 출수기, 어린이삭 형성기, 가지 치는 시기 순으로 피해가 크다.

대책 침관수 상습지에서는 도복 및 병충해에 강한 품종 중에서 출수기가 다른 조생종, 중생종, 중만 생종을 고르게 재배한다. 질소비료는 20~30% 덜 주고 칼리비료를 20~30% 더 준다. 침관수가 된 논은 서둘러 물을 빼서 우선 잎끝이 노출되도록 한다. 물이 빠질 때 잎, 줄기에 묻은 흙 앙금 오물은 씻어 준다. 물이 완전히 빠진 후에는 새물로 걸러대기를 하여 뿌리활력을 높여준다. 물 빠진 후에는 도열병, 흰잎마름병 등 병해충 방제를 철저히 한다.

04 바람해(風害)

피해 벼의 바람해는 태풍의 내습과 동반한 강한 바람 또는 폭풍우에 의한 피해를 말한다. 바람해는 영양생장기에는 강한 바람으로 엽신이 찢어지고 동해안에서는 냉조풍으로 저온 장해도 일어난다. 이삭 팰 무렵의 강한 바람은 건조한 바람과 소금기 먹은 바람으로 흰 이삭이 생기거나 벼알이 갈변되기도 한다. 흰 이삭이 생기는 현상은 고온(온도 25℃ 이상), 저습(습도 65% 이 하), 강풍(풍속 8m/초 이상)으로 단기간 내에 과다 증산에 의한 탈수 현상으로 흰 이삭이나 변색 이삭이 생긴다.

대책 질소비료의 과다 사용을 지양하고 3요소 비료를 골고루 시비한다. 태풍 통과가 예상될 때는 논의 물을 깊게 대어 흰 이삭이나 쓰러짐 피해를 방지한다. 태풍 통과 후 흰 이삭이나 변색 이삭이 발생되면 6시간 이내에 동력분무기를 이용하여 10a당 물 600L 이상 살포하여 등숙비율을 향상시킨다.

05 아황산가스(SO_2)

▲ 아황산가스 피해

피해 아황산가스에 의한 식물체 피해는 기공을 통한 가스의 식물체내 유입속도가 식물체의 동화 속도 보다 빠를 경우 세포내에 축적되어 일어나는데 일반적으로 회백색 또는 적갈색의 반점이 잎 맥 사이에 무수히 발생하여 잎의 황화를 일으키고 피해가 심할 경우 반점 중심부가 백색으로 말라죽는다.

대책 석탄이나 석유 같은 화학연료 대신에 황함량이 적은 대체자원 개발로 공장이나 사업장으로부터 배출되는 아황산가스의 양을 최대한으로 제한하는 것이 바람직하다. 식물피해 경감 방법으로는 저항성 작물이나 품종재배, 단백질 대사를 증가시켜 저항성을 높이기 위한 질소증시, 삼투압 조절과 원형질 내 이온 교환능을 높이기 위한 칼리 및 규회석 시용, 그리고 석회유를 살포하는 방법 등이다.

▲ 아황산가스 피해

▲ 아황산가스 피해

06 대기오염 물질에 의한 피해

대기 중 오염물질이 기공을 통해 식물체내로 직접 침입하거나 비 또는 안개와 함께 잎 표면에 부착하여 침적함으로써 식물대사나 광합성을 저해하고 성장을 방해하거나 고사시키는 현상으로 눈으로 확인 할 수 있는 피해는 고농도의 오염물질이 기류, 기온, 습도 및 지형 등 특수 조건하에서 논 경지나 임야에 형성되어 단시간 내에 식물체에 피해를 나타내는 것으로 공장에서의 돌발 사고나 제련소 인근 피해 등이 있다. 만성적 피해는 비교적 저농도의 오염물질이 작물생육 기간 중에 접촉되어 생육불량 또는 황화현상 등을 일으키는 것으로 도시근교의 대기오염 피해가 이에 속한다. 대기오염에 의한 식물의 피해는 벼의 경우에는 활착기나 유수형성기에 피해가 크고 질소 과다시용, 수분이 많은 조건, 봄과 여름에 온도가 높을수록 피해가 크다. 지형적으로는 분지나 곡간지처럼 기류가 정체되는 조건에서 피해 발생의 우려가 크다. 일반적으로 대기오염 물질에 의한 식물의 피해는 병해와 구분되기 어렵지만 대기 오염물질에 의한 피해는 작물이나 잡초의 종류를 가리지 않고 나타나며 병해는 특정식물에 주로 나타난다.

07 염해(鹽害)

▲ 염해(간척지)

해수의 침입 또는 소금기가 높은 간척지의 논에서 염분이 올라와 발생하는 생육장해로 소금물에 의한 피해를 염수해, 염풍에 의한 피해를 염풍해라 하며 이 둘을 통칭하여 염해라 한다. 염해가 발생하면 엽신의 적고현상이 나타나고 광합성과 호흡 및 뿌리의 생육이 부진하며 피해가 심하면 식물체 전체가 고사한다. 이앙 후 생육초기에 염해를 받으면 활착이 지연 되며 분얼기에는 분얼발생이 억제되고 특히 감수분열기나 출수기의 염해는 심한 불임발생을 유발하여 흰 이삭이 발생하거나 이삭이 갈색으로 변한다. 염분농도가 0.3% 이상이면 벼 재배가 곤란하고 0.1% 이상이 되면 염해를 우려하게 된다. 이에 대한 대책으로는 담수나 암거배수 시설에 의한 제염이며 우선 소금기를 씻어내기 위하여 관개용수를 확보하여 물을 흘려 대기를 하고 죽은 포기는 속히 보식하고 질소 추비로 분얼을 촉진 시킨다. 또한 소금기에 견디는 품종을 재배해야 한다.

08 냉해(冷害)

피해 고온을 필요로 하는 여름작물이 생육 기간 중에 기온, 지온 및 수온이 저하됨으로써 작물의 생육이 저조하고 그로 인하여 병충해, 등숙장해 등을 받아 감수되는 현상을 말한다. 벼가 발아해서 성숙에 이르는 동안 냉해발생 양상은 발아 및 출아불량, 생장불량, 적고발생, 영화퇴화, 출수지연, 불임발생, 등숙불량 등으로 나타나며 냉해를 가장 받기 쉬운 시기는 못자리 때, 수잉기, 등숙기 등이다. 냉해경감 재배기술 냉해에 대한 저항성이 강한 품종을 선택하고 이른 품종을 재배하여 안전 출수기에 출수하도록 적기 이앙(산간고냉지 5월25일까지, 중산간지 5월30일까지)하여 냉해를 회피한다. 감수심이 큰 논이나 특수성분 함량이 낮은 토양에서는 객토를 하거나 규산, 인산질비료 등을 시용하며 질소비료 시용량을 줄인다. 산간고냉지의 찬물이 솟는 논이나 찬물이 들어오는 논은 관개수를 일시 저수하거나 돌림도랑을 50m이상 설치하여 물 온도를 높여서 관수한다. 생식생장기에는 어린이삭을 보호하고 등숙비율을 높이기 위하여 물높이를 15~20cm 정도 깊이 댄다.

09 가뭄해(旱害)

피해 물이 모자라서 벼의 생리작용이 저해를 받아 생육이 부진하고 심하면 말려 죽게 되는 장해를 가뭄해라고 한다. 가뭄해에 대한 저항력이 가장 약하고 피해가 가장 큰 시기는 감수분열기(수잉기) 이고 다음은 출수개화기, 유수형성기, 분얼기의 순이며 무효분얼기에는 그 피해가 적다.

대책 수리불안전 논, 천수답, 저수율 부족지역 등에서는 관정과 양수기를 이용하여 물 가두기를 실시하고 용수확보 불가능 지역에서는 건답직파재배나 늦모내기를 실시한다. 가뭄 상습지역에서는 한발저항성 품종을 선택하고 가뭄으로 파종 및 이앙시기가 늦어질 경우에는 만식 저항성품종을 선택 재배토록 한다. 벼가 가뭄해를 입기 쉬운 시기인 감수 분열기, 출수 개화기, 유숙기, 유수 형성기에는 물을 충분히 대고 다른 시기에는 절수재배를 한다. 모내는 시기가 늦어 모를 못낸 논에는 메밀, 팥, 녹두, 시금치, 열무, 가을감자, 엇갈이배추, 사료작물 등을 대파한다.

Ⅱ

감자

[Potato]

쌍떡잎식물 가지과의 **여러해살이풀**

감자는 비타민 C가 많아 밭의 사과라고 부르며
주성분이 녹말인 알칼리성 식품으로
필수 아미노산과 철분 마그네슘과 같은
중요한 무기성분을 골고루 함유하고 있다.

Ⅱ 감자 [Potato]

학명 *Solanum tuberosum L.*

식물학적 특성

감자는 쌍떡잎식물 가지과의 여러해살이풀로 원산지는 안데스산맥이며 분포지는 온대지방이다. 키는 60~100cm이며 땅속에 있는 줄기마디가 비대해져 덩이줄기가 된다. 종자의 발아 적온은 4~5℃, 생육 적온은 10~21℃로 서늘한 기후에서도 잘 자라며 생육기일이 짧다. 토양에 대한 적응성이 좋은 편이나, 사양토가 가장 알맞고, pH 6.0~6.5가 적당하다.

식품가치 및 이용

감자는 비타민 C가 많아 밭의 사과라고 부르며 주성분이 녹말인 알칼리성 식품으로 필수 아미노산과 철분 마그네슘과 같은 중요한 무기성분을 골고루 함유하고 있다. 40분정도 열을 가해도 비타민C가 3/4정도 남으며 성인이 하루 200g 정도면 비타민의 필요량을 섭취할 수 있다. 비타민 B와 칼륨도 많은데 칼륨은 체내의 염분을 배설시키는 작용을 하여 고혈압인 사람에게 좋다. 또한 감자에는 솔라닌 이라는 알칼로이드 성분이 함유되어 있어 아린 맛이 나는데, 이를 먹으면 식중독을 일으키게 되므로 싹이 튼 부분을 도려내고 먹어야 한다.

주요 농작업

생육과정(주요농작업)

1월	2월	3월	4월	5월	6월	7월	8월	9월	10월	11월	12월
봄재배 ···›		유모기	정식, 강엽신장기	덩이줄기 비대기							
	상토준비	모판설치, 파종	잡초약 쓰기, 배토	배수, 병해충방제	수확, 출하						
				가을재배 ···›		유모기	정식	경엽 신장기	덩이줄기 비대기		
						상토준비, 모판설치	파종, 잡초약 쓰기, 배토	배수, 병해충방제		수확, 저장 및 출하	

기상재해 및 예상되는 문제점

1월	2월	3월	4월	5월	6월	7월	8월	9월	10월	11월	12월
퇴하종서 사용		저온	잦은비	가뭄		장마		가뭄			

※ 농촌진흥청 농사로 인용

재배법

우량 씨감자 조건 바이러스, 풋마름병, 역병 등 병해충이 없는 씨감자, 휴면 기간이 적당히 타파된 씨감자, 다른 품종이 섞이지 않은 씨감자, 쪼개지거나 혹이 달리는 등 생리장해가 없는 것, 적당한 씨감자의 크기는 50~240g, 소요량150kg/10a 이다.

감자 작형별 파종기

작형	묘상설치시기	파종기	수확기
겨울재배		12월 중순~1월 중순	4월 중순~5월 중순
봄재배	2월 하순~ 3월 상순(25~30일간)	3월 상순~3월 중순	6월 하순~ 7월 중순
여름재배		4월 하순~5월 중순	8월 중순~9월 중순
가을재배	7월 중순~8월 상순(10~15일간)	7월 중순~8월 상순	10월 하순~12월 상순

심는거리 및 시비량 일반재배는 70*25cm(5,660주/10a)이고, 조기재배는 60*25cm (6,600주/10a)이다. 기비(N-P-K)는 10-10-12 이고 퇴비는 1,000kg/10a 이다.

생육단계별 관리요점 파종 및 출현기는 감자를 심은 후 싹이 올라오기까지 비교적 따뜻하게 하고 물을 충분히 공급해주고 관리한다. 땅속줄기 신장기는 땅속줄기가 자랄 때에는 늦서리에 주의하며 적절한 깊이로 북을 준다. 괴경형성기는 땅속에서 감자가 달리기 시작할 때 북주기를 멈추어 땅속줄기가 상처를 입지 않도록 주의한다. 괴경비대기는 감자가 굵어지는 시기로 물을 가장 많이 필요하므로 정기적으로 물을 공급한다. 성숙 및 수확기에는 비교적 마르게 관리한다.

수확 후 관리 예비 저장 및 큐어링은 출하 전 충분한 예비저장 기간을 거쳐 썩은 감자를 골라내고 저장에 적합한 것과 출하할 것을 선별 한다. 용도별 적절한 저장온도는 봄 수확 11~1월 중에 시설재배파종은 4℃ 정도 저장하고, 칩가공용 단기간 저장은 8~10℃ 정도로 저장한다.

감자 병해

[Disease]

01 감자 역병

(疫病 Late blight)

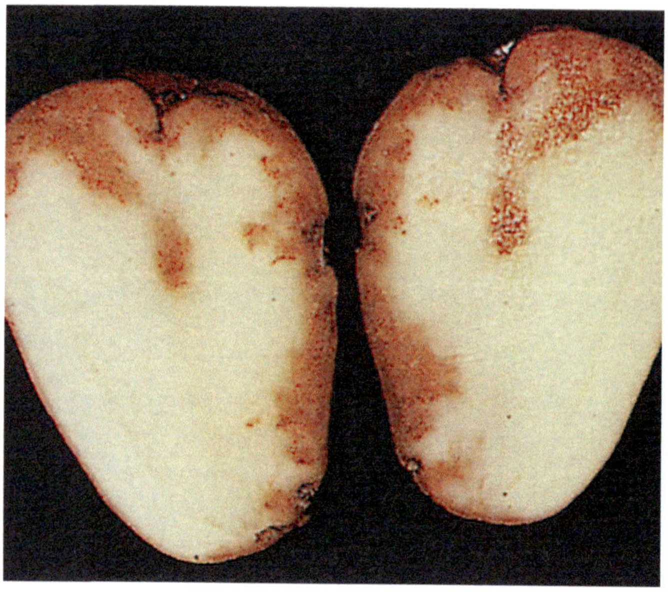

병징 난균문에 속하는 병원균 *Phytophthora infestans* 으로 운동성이 있는 유주자를 형성하는데 물속에서 증식되고 물을 따라 전파된다. 병원균의 생육적온은 약18~20℃로 저온균이다. 균사의 가장 큰 특징은 격막이 없으며 균사는 세포사이에서 발달하여 균사가 팽대한 흡착기를 이용하여 세포 내부로 침투하게 된다. 이 병에 걸리면 초기에는 연록색이나 진한 녹색의 부정형 작은 반점이 잎에 나타난다. 병 발생에 적당한 환경이면 순식간에 번지는데 적갈색의 큰 괴저 병무늬가 잎에 먼저 생기고 나중에 잎줄기와 줄기로 번져 포기 전체가 말라죽는다. 병무늬 주변에는 연록색의 둘레무늬가 생기며 병원균 포자가 하얗게 생긴다. 감염된 종서는 암갈색의 병무늬 표면에 나타나는데 안으로 약간 들어가며 속을 갈라보면 적갈색으로 썩어 있으나 비교적 단단하다.

생태 세계적으로 널리 분포하며 1845년경에 아일랜드에서 대발생하여 흉년으로 많은 사람들이 굶어 죽었으며 이로 인하여 신대륙으로 이주하게 되었다. 우리나라에서는 고랭지에서 심하게 발생하며 주요 작물 중에는 감자, 토마토에 발생하는 곰팡이병으로 잎, 새싹, 줄기, 가지에 발생하며 잎에는 장마철에 잎이 흑갈색으로 끈적끈적하게 된다. 발병한 포기는 뽑아내어 처분한다. 배수와 통풍이 잘되게 관리하여 예방한다. 수확한 감자를 오랫동안 밭에 두거나 포장 주변에 버리면 병원균에 감염되는데 특히 비가 오면 종서는 쉽게 병원균에 감염된다. 감염 된 종서는 가장 중요한 1차 전염원이 되어 새싹을 침해한 다음 포장에서 발생한다. 병원균은 기온이 약 20℃ 정도이고 습도가 100%일 때 가장 잘 증식하며 비가 많이 오거나 저온다습한 날이 (16~22℃, 100%습도) 계속되면 급격히 번진다. 기온이 30℃ 이상 되면 포장에서 더 이상 발아, 균사생장 및 발병, 포자형성을 할 수 없다. 그러나 그 온도 조건이 병원균을 사멸시키는 것이 아니기 때문에 온, 습도가 다시 병원균에 적합한 조건이 되면 다시 포자낭을 형성한다.

방제 무병 씨감자의 이용으로 포장에서의 근본적인 전염원을 제거한다. 포장에서 잎이 빨리 마르도록 습도를 감소시키는 것은 병의 발생을 지연시킨다. 이 방법으로는 재식거리를 넓게 하는 것과 적절한 배수 관리로 침수되지 않도록 한다. 또한 배토는 포자가 괴경에 도달하는 것을 지연시킬 수 있다. 저항성이 높은 종을 심어야 한다. 조풍은 역병에 상당한 저항성을 나타내어서 병 발생이 심한 곳에서는 유리한 품종이다. 역병이 침입했을 때는 수확 일주일 전에는 고엽제 처리로 잎을 제거해야 한다. 수확한 감자는 환기를 잘 해주어 저장고가 과습하지 않도록 관리한다. 역병은 저온 다습할 때 급속히 발달하고 확산되므로 이러한 기상환경에서는 한 약제만 계속하여 살포하지 말고 다른 적용 약제와 바꾸어 살포한다.

02 감자 더뎅이병

(瘡痂病 Common scab)

병징 병원세균(*Streptomyces scabies*) 은 나선형 균사와 회색포자를 생성하며 멜라닌 색소를 분비한다. 감자를 비롯하여 무, 튤립, 당근, 땅콩 등에도 병을 일으킨다. 일반적으로 덩이줄기 표면의 병반 주변이 약간 부풀어 오르고, 가운데가 다소 함몰한 옅은 갈색 또는 회갈색 딱지 모양의 병반을 만든다. 주로 괴경에 코르크층을 형성하는 병으로 수량 감소보다는 상품가치를 떨어뜨린다. 감염부위의 조직은 괴사되어 검은색의 코르크 모양이 된다. 이 코르크층은 중심부가 약간 파진 상태로 위로 올라오는 융기형 병무늬, 괴경 표면 전체 또는 일부분에 코르크층을 만드는 평상형 병무늬, 그리고 2차 병원균에 감염되어 3~4㎜ 깊이 이상의 구멍이 나는 함몰형 병무늬로 나눌 수 있다.

생태 토양이나 병든 식물조직에서 월동 후 이듬해 온도조건이 맞으면 영양균사가 생장하여 격막이 발달하면서 포자를 형성한다. 포자는 발아관을 형성하여 기공이나 상처 또는 직접 괴경에 침입한다. 토양 속의 물이나 공기 중의 흙 및 감염된 감자 괴경에 포자가 묻어서 전반된다. 상처나 피목, 기공 등을 통해 조직 내로 침입하는데 어린 조직에는 직접 침입하므로 파종 후 6~8주 사이에 병 발생이 많다. pH 5.2~8.0의 건조한 지역에서 병발생률이 높고 발병적온은 30℃이다.

방제 토양pH를 5.2 이하로 낮추고 괴경 발달 초에 관수로 토양습도를 유지한다. 비기주작물로 돌려짓기를 하여 병원균 밀도를 줄인다. 건전한 씨감자를 사용하고 PCNB 등으로 토양소독을 한다. 저항성 품종인 러셋버벵크, 슈퍼리얼을 재배하는 것이 좋다.

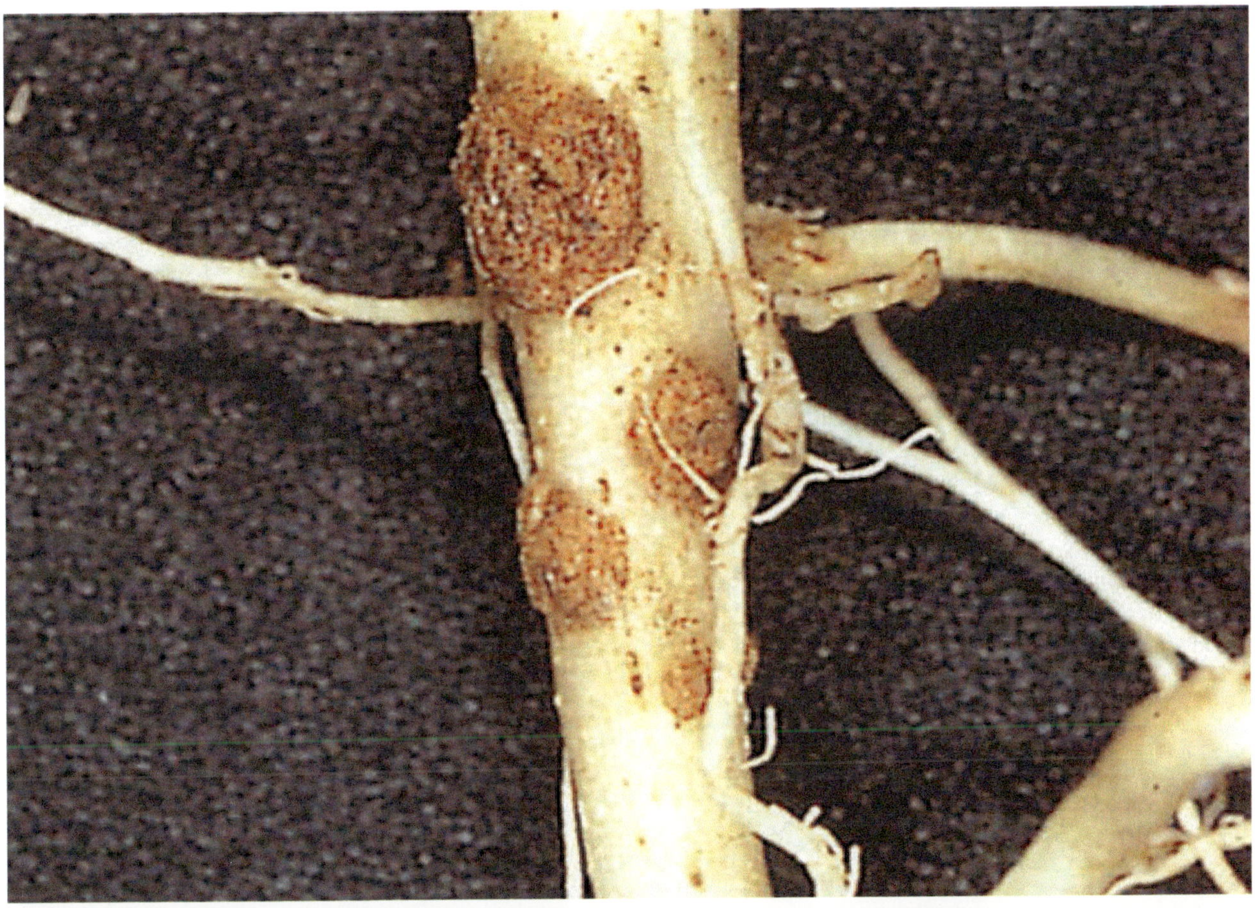

03 감자 모자이크병

▲ PVS에 의한 모자이크병

▲ 감자 Y바이러스

병징 (1)감자 바이러스X(Potato Virus X, PVX) 는 포텍스바이러스(Potex virus) 그룹에 속하는 사상형 바이러스로 종서나 어린 묘에 감염되었을 때는 줄기에 괴저 증상을 보이며 위축이 되며 후기에 감염되었을 때는 잎맥사이에 담녹색의 모자이크 병반이 약하게 나타나지만 위축은 거의 되지 않는다. 병징이 나타나는 시기는 기온이 20℃ 이하 18℃ 이상에서 잘 나타나며 생육이 왕성할 때는 기온이 높으므로 병징이 나타나지 않는다. (2)감자 바이러스Y(Potato Virus Y, PVY) 는 포티비리대(potyviridae) 그룹에 속하는 사상형 바이러스로 약한 모자이크와 주름이 생기기도 하고 잎맥을 따라서 괴저 증상과 함께 위축되기도 한다. (3)감자 잎말림바이러스병(葉卷病 Potato Leaf Roll Virus, PLRV)은 루테오바이러스(luteovirus) 그룹에 속하는 구형의 바이러스로 초기 병징은 새로 나온 잎이 퇴색하여 담황색으로 되며 차차 잎이 굳어져 위쪽으로 말린다. 아랫잎은 말려서 원통형이 되며 뒷면은 회은색인데 자색으로 되고 잎 끝은 괴저병징이 나타나 갈색으로 변하기도 한다. 줄기의 마디 사이는 위축되어 초장이 짧아진다.

▲ 감자 잎말림바이러스(PLRV)

전염 감자바이러스 X는 즙액전염 또는 잎, 줄기, 뿌리 접촉에 의하여 전염된다. 진딧물에는 매개되지 않으며 딱정벌레목에 속하는 곤충과 병원균(*Synchytrium endoticum*)에 의하여 전염되며 품종에 따라 2~45%의 피해 감수가 있다. 감자바이러스 Y는 복숭아혹진딧물이나 목화진딧물에 의하여 전염된다. PVY에 감염되면 30~50%의 감수를 보게 되며 자연 상태에서 감염되는 것은 담배, 고추, 감자, 토마토 등이다. 감자잎말림바이러스는 즙액전염은 되지 않으며 진딧물에 의해 전염된다. 10종 이상의 진딧물이 전염하는 것으로 알려져 있으나 복숭아혹진딧물, 감자수염진딧물, 싸리수염진딧물 등 3종이 주로 전염한다.

방제 감자바이러스 X 방제는 건전주에서 수확한 괴경을 종서로 사용하며 파종 간격을 넓게 하여 잎, 줄기, 뿌리가 서로 접촉하는 것을 막는다. 칼의 소독을 철저히 하고, 오염토양, 옷, 손, 농기구들의 오염물을 제거한다. 발병주를 조기에 제거한다. 감자바이러스 Y나 잎말림바이러스는 건전주 채종 감자를 종서로 사용하며 이병주는 즉시 제거한다. 감자는 진딧물의 발생이 적은 곳에서 재배하고 살충제를 살포하여 진딧물을 구제한다. 저항성 품종을 재배한다.

04 감자 알팔파모자이크병(AMV)

병징 잎에 누런색 내지 누런 흰색의 얼룩무늬가 보인다. 감염된 그 해는 위쪽 잎에 얼룩무늬를 보이는 것이 많다.

병원바이러스 알팔파모자이크바이러스 alfalfa mosaic *alfamovirus* (AMV) AMV는 B(56×16nm), M(43×16nm), Tb(35×16nm), Ta(30×16nm)인 막대모양, 4종의 입자로 된 것 외에 핵산을 포함하지 않는 To입자(16×16nm)도 있다. 내열한계 60~65℃, 희석한계 10^{-3}~10^{-5}. 보존한계 3~5일이다.

전염 종자와 즙액 접종에 의해 전염되며, 복숭아혹진딧물, 목화진딧물 등 14종의 진딧물에 의해서 비영속적으로 전반된다. 전염원은 포장 안의 병든 감자 및 콩과 목초이다.

05 감자 PVM 모자이크병

PVM 에 의한 모자이크병

병징 잎의 뒷면에 줄무늬가 생기고, 잎은 반전하며 위쪽 잎은 가장자리가 위쪽으로 말린다.

병원바이러스 감자M바이러스 potato M *carlavirus* (PVM) 650 × 12~13nm의 끈 모양입자. 내열한계 65~70℃, 희석한계 2×10^{-4}~10^{-5}, 보존한계 2~3일이다.

전염 즙액 전염하고 비율은 낮지만, 절단용 칼에 의해 전염, 진딧물에 의해 비영속적 전반도 한다.

06 감자 PVS 모자이크병

PVS 에 의한 모자이크 병

병징 많은 품종에서는 병징이 없지만 본 바이러스를 보독하고 있는 것으로 생각된다. 기온이 낮고 일조량이 적을 때에는 맥 사이에 퇴색한 작은 점무늬가 생기며, 그 주변에 바랜 녹색부분이 넓어지고 이것이 점점이 생겨서 모자이크 증상이 되며 때로는 맥 사이에 점무늬가 생긴다. 증상이 심하면 잎 면이 울퉁불퉁해진다. 잎이 약간 짙은 녹색이 되고, 생육후기에는 회녹색이 된다.

병원바이러스 감자S바이러스 potato S *carlavirus* (PVS) 650×12~13nm의 끈 모양입자. 내열한계 55~60℃, 희석한계 10^{-3}~10^{-4}, 보존한계 3~4일이다.

전염 종자전염, 즙액전염 한다. 또 복숭아혹진딧물에 의해서 비영속적으로 전반된다. 병징이 뚜렷하지 않아 병든 포기의 제거는 어렵다.

07 감자 빗자루병
(Witche' s broom)

병징 생육 초기에 감염되면, 작은 감자가 많이 형성되며, 휴면하지 않고 가느다란 싹이 많이 생긴다. 잎은 홑잎이 되고, 누렇게 되어서 작아진다. 생육 후기 감염의 덩이줄기는 언뜻보면 건강하게 보이지만, 다음해 봄에 가는 싹이 뭉쳐난다.

병원균 파이토플라스마 Phytoplasma

전염 종자 전염하는 것 외에 오대산매미충에 의해서도 전반된다.

08 감자 겹둥근무늬병

(夏疫病 Early blight)

병징 병원균 *Alternaria solani* 진균계의 자낭균문에 속하며 분생자경과 분생포자를 형성하며 분생포자는 28~30℃에서 30~45분이면 발아한다. 병징은 주로 잎에 많이 발생한다. 처음에는 작은 원형의 갈색반점이 나타나고 진전되면 1~2㎝ 크기의 대형 흑갈색 병무늬가 형성된다. 심할 때에는 잎 전체가 말라죽고 괴사부에는 흑색의 분생포자가 밀생한다. 토마토 겹둥근무늬병과 같이 뚜렷한 윤문이 형성되지는 않으나 병무늬 위에는 다소의 둘레무늬가 형성된다.

생태 온도가 높고(25℃내외) 비가 자주 오면 병 발생이 많으며 비료 부족은 병을 증가시킨다. 병원균은 병 걸린 잔재물에서 균사 또는 분생포자의 형태로 월동하여 1차 전염원이 되며 바람에 의하여 분산 전파된다. 전파된 분생포자는 알맞은 습도가 주어지면 발아하여 잎의 표피를 뚫고 침입 2~3일후 병반이 형성된다.

전염 피해 잔재물이 이듬해의 1차 전염원이 된다. 병든 조직 중의 균사는 건조한 조건에서는 몇 년 이상 생활력을 갖고 분생포자도 실온에서 17개월 이상 생존한다. 분생포자는 6~34℃에서 1~2시간, 28~30℃의 적온에서는 30~45분에서 발아한다. 비교적 고온을 좋아한다. 균사는 각피를 관통해서 침입한다. 적정온도, 높은 습도 조건에 있으면 2~3일에서 병반이 생긴다. 질소부족으로 발병이 조장된다.

방제 돌려짓기는 포장에서 병원균 밀도를 줄일 수 있으므로 발생 상습지는 돌려짓기를 한다. 병원균은 식물체의 잔재물에 남아 있을 수 있으므로 병 걸린 잔재물은 신속히 포장에서 제거한다. 비료부족은 발병을 조장하므로 절비가 되지 않도록 관리한다.

09 감자 줄기검은병

(黒脚病 Black leg)

병징 씨감자가 보균하고 있으면, 초기에 아랫쪽 잎이 누렇게 되고 위쪽 잎이 위쪽으로 말려 올라간다. 밑동 쪽 아래의 줄기가 검게 변하고 물러진다. 병세가 심하면 병든 포기는 시들어 말라죽는다. 병든 포기의 덩이줄기는 생육 도중에 썩는 것도 있지만, 기는줄기의 부착부에서 관다발부분이 옅은 검은색으로 변하고 진행하면 밑 부분부터 물러져 가운데가 비게 된다.(감자 시들음세균병도 유사한 병징을 보이지만 검게 변하는 정도가 가볍다)

병원균 *Erwinia carotovora* subsp. *atroseptica* (van Hall 1902)Dye 1969 세균의 일종으로 혐기성의 그람음성으로 작은 간균이며, 크기는 0.6~0.8×1.5~2.5㎛, 2~7개의 주생편모를 갖는다. 배지에서의 콜로니는 회백색 또는 유백색의 원형으로 언덕모양, 매끄럽고 축축한 광채가 있다. 생육은 빠르고 성장적온은 28~30℃이다.

전염 전염원은 병든 종자이다. 절단용 칼이나 용기에 의한 전반도 있다.

방제 물이 잘 빠지는 곳에 감자를 심고 너무 물을 많이 주지 않아야 한다. 버려진 감자더미나 기주가 되는 채소는 주변에서 철저하게 제거한다.

10 감자 무름병

(軟腐病 Bacterial soft rot)

병징 줄기와 잎에서의 발병은 고온이나 다습에서 많다. 처음에는 물 번진 모양의 어두운 녹색 내지 어두운 갈색으로 흐릿한 병반이 생기고 급격히 확대하고 물러져 썩는다. 줄기에서는 물 번진 모양의 누런 녹색 또는 어두운 녹색 줄무늬가 국부적으로 생기며, 확대해서 골수부에 이르러 물러지고 쓰러져 윗부분이 시든다. 때로는 가운데 부분만이 썩어 물러져 속이 빌 수 있다. 덩이줄기에서는 먼저 외피부분에 갈색의 흐릿한 점무늬가 생기며, 내부는 물러지고 껍질이 터져 풀모양의 내용물이 나오고, 거기서 악취가 난다.

병원균 *Erwinia carotovora* subsp. *carotovora* (Jones 1901) Berey, Harrison, Breed, Hummer and Huntoon 1923 주생편모를 갖는 운동성으로 짧은 막대 모양의 세균이다. 크기는 0.9~1.5 × 0.5~0.6㎛, 혐기성의 그람음성으로 보통 한천배지 위의 콜로니는 회백색의 원형으로 약간 부풀어 오르며 표면은 매끄럽고 축축한 광채가 있다. 생육적온은 균의 계통마다 다르지만 고온성이다.

전염 병원세균은 땅속에서 생존하고 생육 중의 줄기나 잎, 덩이줄기에 붙어서 상처에 침입, 증식하고 부패를 일으킨다. 장마 후 고온이 되거나 고온으로 높은 습도가 계속되면 많이 발생한다. 저장 중, 고온, 다습한 환경이 계속되면 많이 발생한다.

방제 병에 걸리지 않는 씨감자를 심고 비기주 작물을 돌려짓기한다. 물이 잘 빠지는 토양을 선정하고 물관리를 잘하여 감자밭이 너무 습하지 않게 한다. 병에 걸린 식물체와 괴경은 1차 전염원이 되므로 조기에 제거하고 감자를 케거나 저장할 때 괴경에 상처가 나지 않도록 하고 저장고 안에 강제로 바람을 불어넣어 괴경표면에 형성되는 수막을 제거하고 온도변화를 줄인다.

11 감자 풋마름병

(青枯病 Bacterial wilt)

병징 병원세균 *Ralstonia solanacearum*은 간상이고 1개 이상의 단극모를 가진 그람음성의 호기성 균이다. 토마토, 바나나, 감자, 땅콩, 가지, 고추, 담배 등 50과 450종 이상의 넓은 기주범위를 가지고 있는 다범성 세균이다. 증상은 초기에는 어린잎이 시들기 시작하여 진전되면 기주 전체가 시든다. 발병되기 좋은 환경에서 병든 기주는 병 진전이 급속히 일어나 2~3일 이면 기주 전체가 푸른 상태로 시들어 죽는다. 병이 발생된 식물체의 줄기내부 유관속은 갈변된다. 이 병의 손쉬운 진단법으로는 시든 줄기를 절단하여 물이 담긴 투명한 시험관이나 유리컵 속에 수직으로 세워두고 흔들어 보면 우윳빛 모양의 세균점액이 흘러나오는 것을 확인 할 수 있다.

생태 병원세균은 식물체의 근권에서 생존하다가 기주의 상처를 통해 침입한다. 병든 잔재물에서 4~5년 동안 생존할 수 있으며 토양 70~80㎝ 까지도 침투하나 기주작물이 자라는 20~30㎝ 부근에 많이 생존하고 있다. 레이스1 계통의 균은 기후가 온난한 지대에서 감자와 기타 가지과 작물 등 다양한 식물에 병을 일으키며 그 반면에 레이스3 계통의 균은 상대적으로 온도가 낮은 지대에서 발생한다. 병원균은 감자, 잡초 등 다양한 식물체의 근권과 뿌리에 생존한다. 특히 레이스3의 주요 전염방법은 감염된 괴경을 통해 장거리 전파가 가능함으로 국내외적으로 주요 검사대상이 되고 있다. 이 균은 관개수, 작업도구 등에 의하여도 전반이 가능하고 토양 내 해충이나 선충 기타 농작업에 의한 상처가 발병을 조장한다.

전염 병든 감자에서 전염하고, 토양 중에서 몇 년간 생존하며, 토양전염 한다. 뿌리의 상처로 침입하고, 관다발부분까지 침입, 증식해 차츰 줄기 윗부분으로 진전하고, 기는줄기를 통해서 새로운 덩이줄기에 침입한다. 토양의 수분과다, 기온이 높아지면 많이 발생한다. 품종이나 파종 시기에 따라 발병의 차이가 있다.

방제 재배장소는 무 발생지를 선정하고 종서는 품질이 보증된 건전한 것을 사용한다. 씨감자 생산지의 토양과 종서는 반드시 전문 검사기관에 의뢰하여 검사한다. 종서 절단 시 사용되는 칼과 기구는 염소산칼슘제 등으로 소독하여 사용한다. 오염된 포장은 이어짓기를 피하고 비기주작물로 3~4년간 돌려짓기한다. 세풍, 자심 등의 저항성품종을 심으면 피해를 줄일 수 있다. 발병된 식물체는 발견 즉시 괴경과 식물체를 제거한다.

12 감자 시들음병

(萎凋病 Fusarium wilt)

병징 7월 초순~8월 중순까지 보이며, 지상부가 시든다. 처음에는 아랫쪽 잎이 시들고 퇴색해서 옅은 녹색이 되어 광택을 잃고 나중에 검은 녹색이 되어서 말라죽고, 8월 중,하순에는 갈색으로 변한다. 피해 줄기의 관다발부는 갈색으로 변하고 때로는 그 부분에 옅은 붉은색 또는 흰색의 곰팡이가 보인다. 본 병는 둘레썩음에 비해서 병의 진행이 빠른 것이 특징이다.

병원균 *Fusarium oxysporum* Schiechtendahl 사상균의 일종으로 불완전균류에 속한다. 대형 분생포자와 소형 분생포자를 만든다. 대형 분생포자(3격막의 것)의 크기는 30.6 × 4.7㎛이다. 소형 분생포자는 마름모꼴에 가깝다.

전염 토양 전염성이지만, 병든 덩이줄기에 의한 전염도 있다.

방제 시들음병균에 오염되지 않은 밭에서 재배하고 병든 씨감자를 사용하지 않는다. 병원균 확산을 방지하기 위하여 병에 걸린 식물체는 즉시 없애고 저항성 작물인 벼과식물, 목초, 또는 콩과작물을 돌려짓기 한다. 습기가 많고 물빠짐이 나쁜 밭을 피하여 재배한다.

13 감자 마른썩음병

(乾腐病 Dry rot)

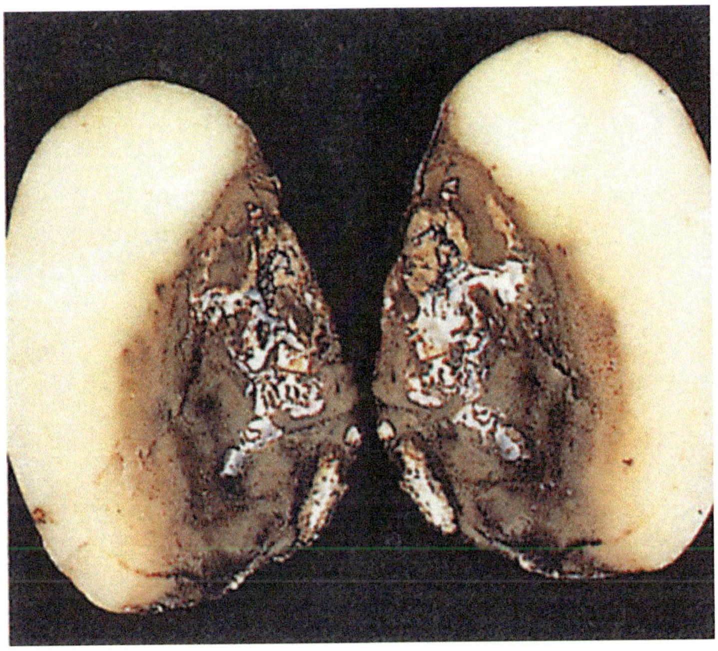

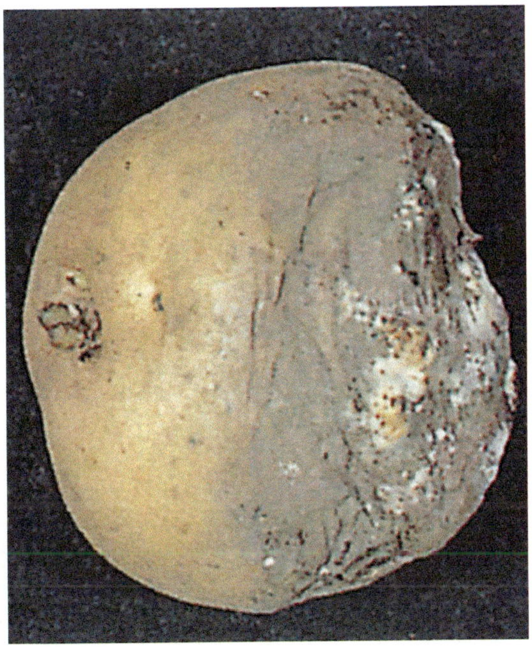

병징 덩이줄기에 큰 함몰부가 생기며, 갈색 내지 검은 갈색이 되어 썩는다. 병반은 서서히 확대되고, 전체가 견고하게 말라서 미라 모양이 된다. 습도가 높아지면 2차 기생균에 의해서 물러져 썩는다.

병원균 (1)*Fusarium solani* (Martius) Saccardo f. sp. *radicicola* (Wollenweber) Snyder et Hansen, (2)*Fusarium oxysporum* Schlechtendahl, (3)*Fusarium solani* f. sp. *eumartii* (Carpenter) Snyder et Hansen 병원균 (1), (2), (3) 모두 사상균으로 불완전균류에 속한다. 병원균 (1)은 병의 흰 균사 위에 대형, 소형 분생포자를 만든다. 소형 분생포자는 보통 단세포의 긴 타원형이고 대체로 11×4㎛, 대형 분생포자는 초승달 모양으로 보통 4포(때로는 5, 6포), 가장 아래 끝의 세포는 각포 모양을 보이고 크기 19~50×3.5~7.0㎛이다. 균사의 앞 끝, 중간, 또는 분생포자의 1, 2세포에 후막포자를 만든다. 배지에서는 5~37.5℃에서 생육하고 적정온도는 34℃로 고온성이다. 병원균 (2)에 대해서는 형태불명. (3)은 소형 분생포자와 대형 분생포자를 만든다 소형 분생포자는 달걀꼴로 분생포자경의 앞 끝에 머리 모양 비슷하게 만들어진다. 대형 분생포자는 초승달 모양으로 많은 3격막을 갖고 크기는 36×5.0㎛. 본 균의 생육적온은 15~20℃이다.

전염 피해조직 등이나 땅속에서 월동하고 덩이줄기의 상처, 말라 죽은 부분에 침입한다. 수확 후나 수송 중에 온도나 습도가 높아지면 발병이 많아진다.

방제 수확작업 중에 상처의 발생을 최소화한다. 저장 전 상처치유를 위하여 공기가 잘 통하게 하고 습도를 높게 유지시켜준다. 씨감자를 자른 후에는 온도와 상대습도를 비교적 높게 유지시켜 싹이 빨리 나오게 하고 절단면의 치유를 원활하게 한다.

14 감자 균핵병

(菌核病 Sclerotial rot)

병징 감자 꽃이나 누렇게 된 잎이 떨어진 곳에 흰색 솜털모양의 곰팡이가 밀생하고, 잎이 물 번진 모양으로 썩는다. 그리고 이것에 접촉한 줄기와 잎으로 확산된다. 마르면 옅은 갈색이 되고 쥐똥 모양의 검은 균핵이 생긴다.

병원균 *Sclerotinia sclerotiorum* (Libert)de Bary 사상균의 일종으로 자낭균류에 속한다. 본 균은 균핵의 형으로 땅 속에서 월동하고 7~8월경 땅바닥에 작고 옅은 갈색 술잔 모양으로 육질(肉質) 버섯 모양의 자낭반을 만든다. 이 자낭반위에 무색 곤봉모양의 자낭을 많이 만들고 그 속에 무색 단세포, 타원형 또는 레몬형의 자낭포자 8개를 만든다. 크기는 8.0~15.0×4.0~7.5㎛. 흰 균사를 조직에 만들지만, 분생포자는 만들지 않는다. 자낭반의 형성 적온은 15~20℃, 자낭포자의 발육 적온은 20~25℃이다. 대부분의 식물에 기생한다.

전염 균핵이 1차 전염원으로, 자낭포자가 비산해서 잎에 떨어져 화판이나 쇠약한 조직에 침입하여 발병한다. 다비재배(多肥栽培), 다습한 조건에서 많이 발생한다.

방제 비기주 작물을 4년 이상 돌려짓기하고 밭에 물을 가두어 균핵을 파괴하는 방법이 있다. 병든 식물체는 그 주변의 흙과 함께 일찍 제거하여 땅속 깊이 묻는다. 그리고 포장을 온도가 낮고 수분이 많은 조건이 되지 않도록 물빠짐이 잘되고 공기가 잘 통하도록 하고 멀칭재배를 하면 병 발생을 억제할 수 있다.

15 감자 검은무늬썩음병

(黑痣病 Black scurf)

병징 덩이줄기 표면에 검은 갈색 부정형으로 검은 멍 모양의 균핵을 만든다. 또 이러한 덩이줄기를 종묘로 이용하면, 새로 나오는 싹에 감염된다. 생육 중의 줄기가 감염되면, 맨 끝 잎이 작아지고 위쪽으로 말리며 붉은 자주색을 보이고 때로는 기중(氣中) 덩이줄기를 만든다. 습도가 높으면 밑동의 줄기에 흰색 가루도 생길 수 있다. 일반적으로 줄기가 감염된 포기에서는 덩이줄기 형성이 나쁘고 기형이나 작은 덩이줄기가 생긴다. 때로는 잎 썩음을 볼 수 있다.

병원균 *Thanatephorus cucumeris* (Frank) Donk [*Rhizoctonia solani* Khn AG-3, Ⅳ] 사상균의 일종으로 담자균류에 속한다. 균사는 8~12㎛로 약간 굵고, 처음에는 무색이지만, 나중에 갈색이 된다. 분지는 직각으로 나오며, 밑 부분은 잘록한 부분이 생긴다. 때로는 균사가 모여서 균사덩어리를 만든다. 습한 조건에서 기주체위에 담자포자가 생긴다. 즉, 균사에 생긴 담자경의 앞 끝에 4개의 작은 자루가 생기며, 난원형의 담자포자를 만든다. 크기 7~12.5×4~7㎛이다. 균사는 8~31℃에서 생육하고, 적정온도는 25~30℃로 고온이다. 다범성이다.

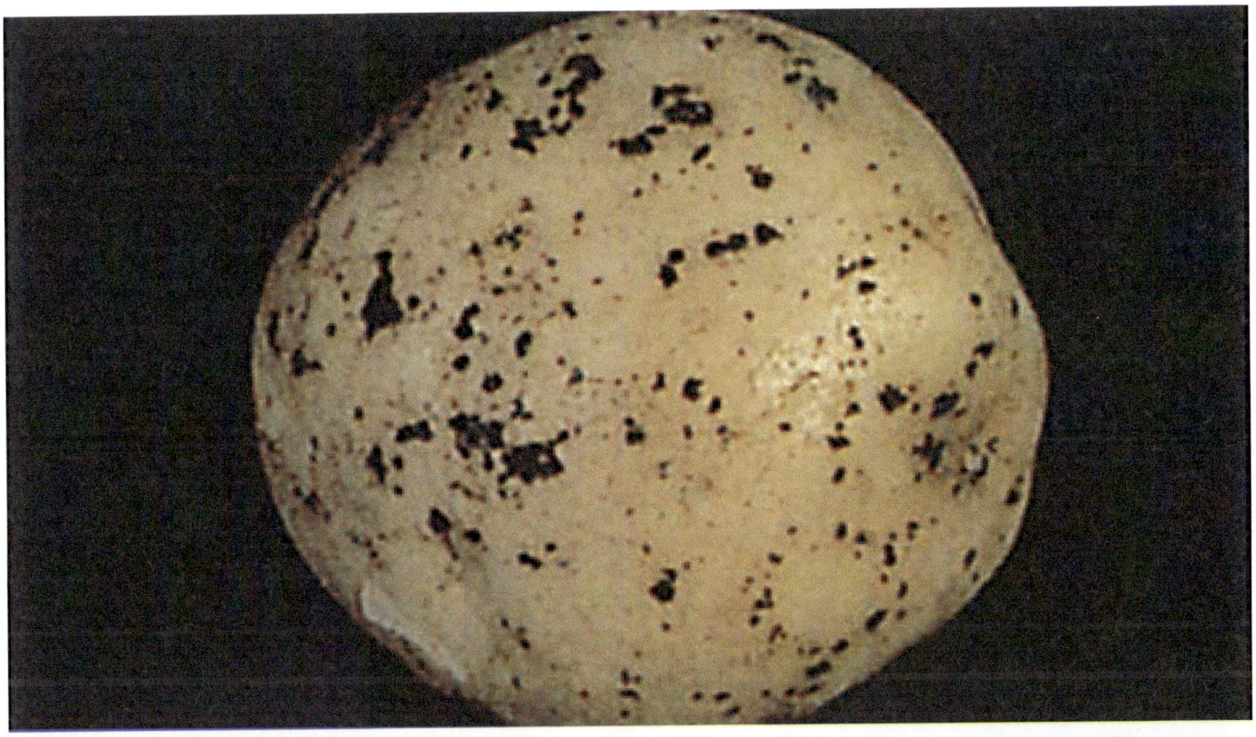

전염 균핵의 형으로 땅 속에 생존하고 덩이줄기의 균핵이 전염원이 된다. 어린 싹의 감염 · 발병은 저온에 의해서 조장된다.

방제 병원균이 포장에 정착하면 최소한 3년 이상 비기주 작물과 돌려짓기를 하며 병을 방제하기 위해서는 저항성 품종 또는 병이 없는 씨감자를 심어야 한다. 균형시비를 하여 식물체의 저항력을 길러주는 것이 좋다. 이 병에 등록된 약제를 이용하여 씨감자 소독을 하면 병 발생을 크게 줄일 수 있다.

16 감자 흰비단병

(白絹病 Southern blight)

병징 수확기 때에 밑동부의 줄기를 감염한다. 병든 포기는 아랫쪽 잎부터 누렇게 되고, 밑동부의 줄기나 주변의 토양 표면에 흰색 비단실 모양의 균사가 생기며, 그 위에 흰색~어두운 갈색 유채종자 모양의 균핵을 만든다. 발병한 포기 밑동부의 줄기는 갈색으로 변하고 지상부는 말라 죽는다.

병원균 *Sclerotium rolfsii* Saccardo 사상균의 일종으로 불완전균류에 속한다. 균사는 흰색으로 격막이 생긴다. 초기의 균핵은 흰색, 나중에 어두운 갈색, 공 모양~찌그러진 공 모양으로 크기는 1~2mm. 균의 생육적온은 30℃ 부근이다. 매우 다범성의 균으로 완전세대는 담자균류의 Corticium rolfsii로 알려져 있다.

전염 감염식물의 잔재물이나 균핵으로 생존해서 1차 전염원이 된다. 봄, 늦은 파종으로 생육이 지연되고 미숙한 유기물을 많이 시비한 밭에서 발생하기 쉽다. 배토가 얕은 것에서 덩이줄기에도 피해가 발생하는 것으로 생각한다.

17 감자 탄저병
(炭疽病 Anthracnose)

병징 생육말기, 앞 끝의 작은 잎이 누렇게 되고 잎 주변은 위쪽으로 말리고 차츰 잎이 시들며 마침내 잎은 떨어진다. 줄기의 밑동부는 어두운 회색 내지 갈색이 되고 건조하면 벗겨 떨어져서 목질부가 노출하고 부러지기 쉬워지며, 병반 위에 검은색의 작은 점이 집합해 생긴다. 포복지나 뿌리에서도 피층이 갈색으로 변하여 썩고 검은색의 작은 점이 생긴다. 덩이줄기에서는 포복지가 감염됨으로 작은 것은 시들지만, 큰 덩이줄기에서는 표피에 거의 눈에 띄지 않는 미세한 갈색점무늬 또는 작은 점이 생긴다. 습윤한 조건에서는 갈색 부분이 확대되고, 지름 3~6mm의 함몰한 원형 또는 타원형의 병반이 된다. 병반부는 코르크화 되고 깊이 0.7~1.5mm로 건전부와의 경계에 검은 갈색 층이 생긴다.

병원균 *Colletotrichum atramentarium* (Berkeley et Broome) Taubenhaus 사상균의 일종으로 불완전균류에 속한다. 피해 조직위에 분생포자퇴와 분생포자 및 검은색으로 미세한 균핵 같이 만든다. 분생포자퇴는 나중에 표피를 찢고 노출하며, 가운데는 약간 돌출해서 각실(殼室) 모양을 보인다. 이 안에 강모, 분생포자경, 분생포자를 만든다. 강모는 크기 72~150×3~8㎛, 밑 부분은 약간 굵고, 앞 끝은 가늘어지며 0~4개의 격막을 갖고 검은 갈색을 보인다. 분생포자경은 원통형의 무색, 길이 10~30㎛로 짧고, 울타리 모양으로 배열하고, 그 맨 끝부분에 분생포자를 만든다. 분생포자는 무색의 짧은 원통형~타원형으로 보통 양끝이 무딘 원형이다. 크기는 15.3~25.0×2.8~3.9㎛, 균핵 같은 강모를 갖고, 크기는 185~675×172~470㎛이다. 생육온도는 15~32℃, 적정온도는 20~28℃, 약간 고온성이다. 이 균은 토마토, 가지, 피망 등을 감염한다.

전염 피해줄기나 땅속에서 월동하고 전염원이 된다. 또 덩이줄기에서도 전반한다. 특히 생육이 약해진 줄기 등에 기생하고 균의 밀도를 높인다. 덩이줄기의 저장시에 습도가 높으면 많이 발생한다.

18 감자 잿빛곰팡이병
(灰色黴病 Gray mold)

병징 감자 꽃이 잎 위에 떨어진 곳에 회갈색 또는 갈색의 병반이 생기며, 습윤한 때에는 3~4cm이다. 병반은 겹둥근 모양이 된다. 병반에 회갈색의 곰팡이가 생긴다. 분생포자가 비산해서 2차전염 한다.

병원균 *Botrytis cinerea* Persoon : Fries 사상균의 일종으로 불완전균류에 속하며, 분생포자와 균핵을 만든다. 분생포자경은 무색 또는 다소 착색해서 가늘고 길게 분지하고 앞 끝은 둥글게 부풀고 그 앞에 작은 자루가 생겨서 분생포자를 덩어리모양으로 착생한다. 분생포자는 무색 내지 회색으로 단세포, 공 모양 또는 달걀꼴로 크기는 12~18 × 9~13㎛. 균핵은 검은색 부정형이다. 생육적온은 20~25℃이다.

전염 대부분의 식물에 기생한다. 균핵으로 월동하고, 이듬해의 전염원이 된다. 상처나 꽃 등에 침입하여 건강한 조직을 침해한다. 질소과다 등 연약하게 생육한 감자, 또 다습한 조건에서 발생하기 쉽다.

방제 살균제 살포시 단제를 사용하는 것보다는 작용 기작이 서로 다른 약제를 교호로 사용한다. 또한 덩이줄기는 낮은 온도에 저장하기 전에 상처 치유를 위하여 전처리를 한다.

19 감자 반쪽시들음병

(半身萎凋病 Verticilli um wilt)

병징 개화기 때에 아랫쪽 잎이 누런 녹색이 되어서 시들고 나중에 갈색이 되어 마침내는 말라 죽는다. 때로는 포기 전체가 아닌 한쪽의 작은 잎이나 일부의 줄기에만 증상이 나타난다.

병원균 (1) *Verticillium alba-atrum* Reinke et Berthold, (2) *V.erticillium dahliae* Klebahn, (3) *V.erticillium nigrescens* Pethybridge 사상균으로 불완전균류에 속한다. 분생포자경은 직립하고 가락지 모양의 분지가 생긴다. 앞 끝에 무색의 단세포로 달걀꼴 또는 타원형 분생포자를 뭉쳐서 만든다. *V. dahliae*는 분생포자 외에 검은색 부정형의 작은 균핵을 만든다. 발병 적온은 16~20℃, 24~28℃이다. *V. nigrescens*는 후막포자를 만든다.

전염 균핵이나 후막포자는 토양 중에서 3~5년 생존하고 1차 전염원이 된다. 품종간에 차이가 있다.

20 감자 홍색부패병

(紅色腐敗病 Pink rot)

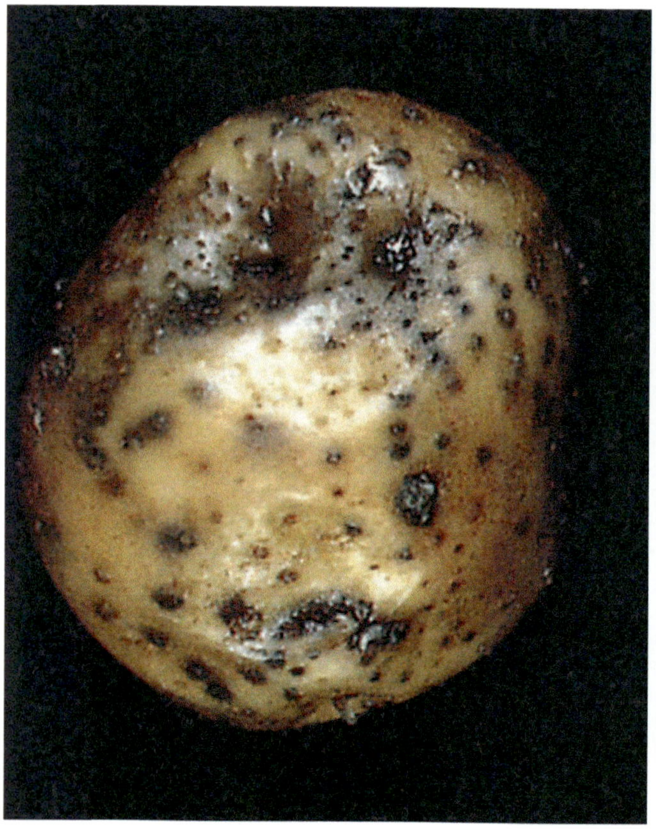

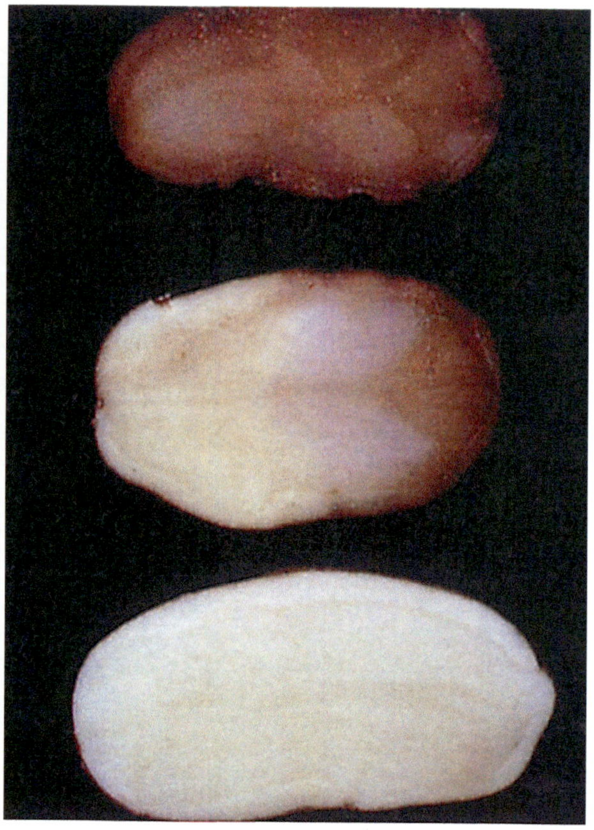

병징 부분에서는 밑동부에서 물 번진 모양으로 갈색의 병반이 나타나며, 관다발이 갈색으로 변하는 것도 보인다. 지상부는 시들고 썩어서 쓰러지기 때문에 깜부기병과 유사한 증상이 된다. 덩이줄기는 전체가 축축해서 물러지고 표면에 점질의 균사 덩어리가 나타나며, 싹이나 피목에 검은색의 작은 점무늬가 되어서 부패가 진행된다. 덩이줄기를 잘라보면 잘린 면이 시간의 경과와 함께 엷은 분홍색~붉은색을 보이고, 나중에 검은 갈색이 된다.

병원균 *Phytophthora erythroseptica* Pethybridge 난균류에 속한다. 무성기관으로서 유주포자낭과 유주포자, 유성기관으로서 장란기, 난포자 및 장정기를 만든다. 균사는 무색으로 격벽이 없다. 유주포자낭은 달걀꼴~레몬모양으로 유두돌기는 갖지 않는다. 또, 유주포자낭경에서 단성(單性) 또는 이어진 사슬 모양으로 만든다. 크기는 38.9~46.9×25.3~29.0㎛이다. 장란기는 공 모양으로 표면은 매끄럽고 크기는 33.7~35.7㎛. 난포자는 공 모양으로 장란기 안에 1개를 만들고 크기는 28.2~31.3㎛. 장정기는 장난기에 대해 동주성으로 무색, 타원형 또는 달걀꼴로 장란기 바닥에 붙는다. 최적온도는 20~28℃, 생육온도는 5~33℃이다.

전염 본 균은 병든 잔재물 속에 난포자의 형태로 생존하고 토양전염 한다. 배수 불량으로 발생하기 쉽다.

21 감자 가루더뎅이병

(粉狀瘡痂病 Powdery scab)

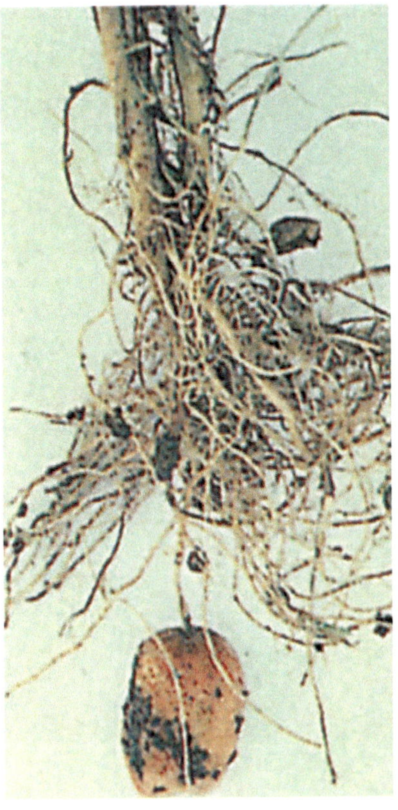

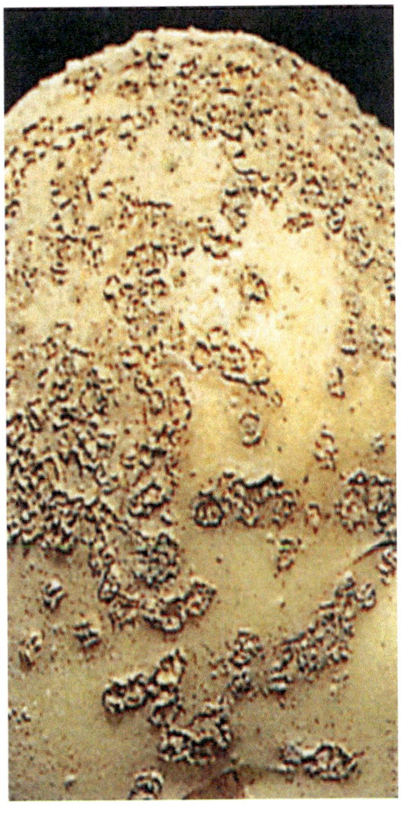

병징 지하부에만 감염된다. 먼저 뿌리에 흰색 또는 회백색의 약간 팽창된 부분이 생기고, 차츰 누런 갈색으로 변하여 가루모양의 물질이 생긴다. 덩이줄기에서는 처음에는 약간 갈색으로 부풀어 오른 부분이 생기며, 차츰 커짐과 동시에 병반부는 젤리모양이 되고 나중에 표피가 찢어져 병환부에 만들어진 가루 모양의 포자가 나온다. 병반의 크기는 지름 1~7mm, 함께 녹아 섞여서 대형이 되는 것도 있다. 가루점무늬병은 조직 내부에 포자를 만든다는 점에서 다르다.

병원균 *Spongospora subterranea* (Wallroth) Lagerheim 사상균의 일종으로 고생균과에 속하는 순활물기생균으로 인공배양은 할 수 없다. 병반부에 만든 포자 덩어리는 토양 중에 방출되어 좋은 조건에서 발아하여 유주포자를 만든다. 뿌리털이나 덩이줄기의 피목 등으로 침입한다. 감염세포는 5~10배로 비대해 격막을 만들고 내부에 변형체가 생긴다. 그 후 변형체는 지름 3.5~4㎛의 포자가 되지만, 그것들이 모여서 지름 50㎛ 크기로 해면모양의 포자구가 된다. 포자구는 건조에 강해 토양 중에서 3~4년간 생존한다. 휴면포자는 발아해서 유주포자를 만든다. 유주포자는 달걀꼴~공 모양으로 크기는 2.5~4.6㎛. 긴 편모를 가진 본 균은 감자 외에 토마토, 가지 등에 기생한다.

전염 병든 덩이줄기와 병든 흙이 전염원이다. 병원균은 땅속에서 몇 년간 생존하기 때문에 토착성이 되지만, 해마다 반드시 발생하는 것은 아니다. 병원균은 13~20℃에서 기주에 침입하지만, 17~19℃에서 왕성하고, 20℃를 초과하면 억제된다. 상기의 온도에서 건조한 후에 비가 내리면 많이 발생한다. 배수가 나쁜 장소에서 덩이줄기 형성기 이후에 서늘하고 비가 많이 내리면 피해가 커진다.

방제 병원균 휴면포자는 토양에서 오랫동안 생존이 가능하기 때문에 돌려짓기를 하는 것이 좋다. 병이 없는 토양에서 생산된 감자를 선별하여 심고 물이 잘 빠지는 토양에서 재배하는 것이 좋다. 이 병원균은 동물의 소화기관에서도 생존하므로 병에 걸린 감자를 먹은 동물의 배설물을 퇴비로 쓰지 않는다.

22 감자 둘레썩음병
(輪腐病 Ring rot)

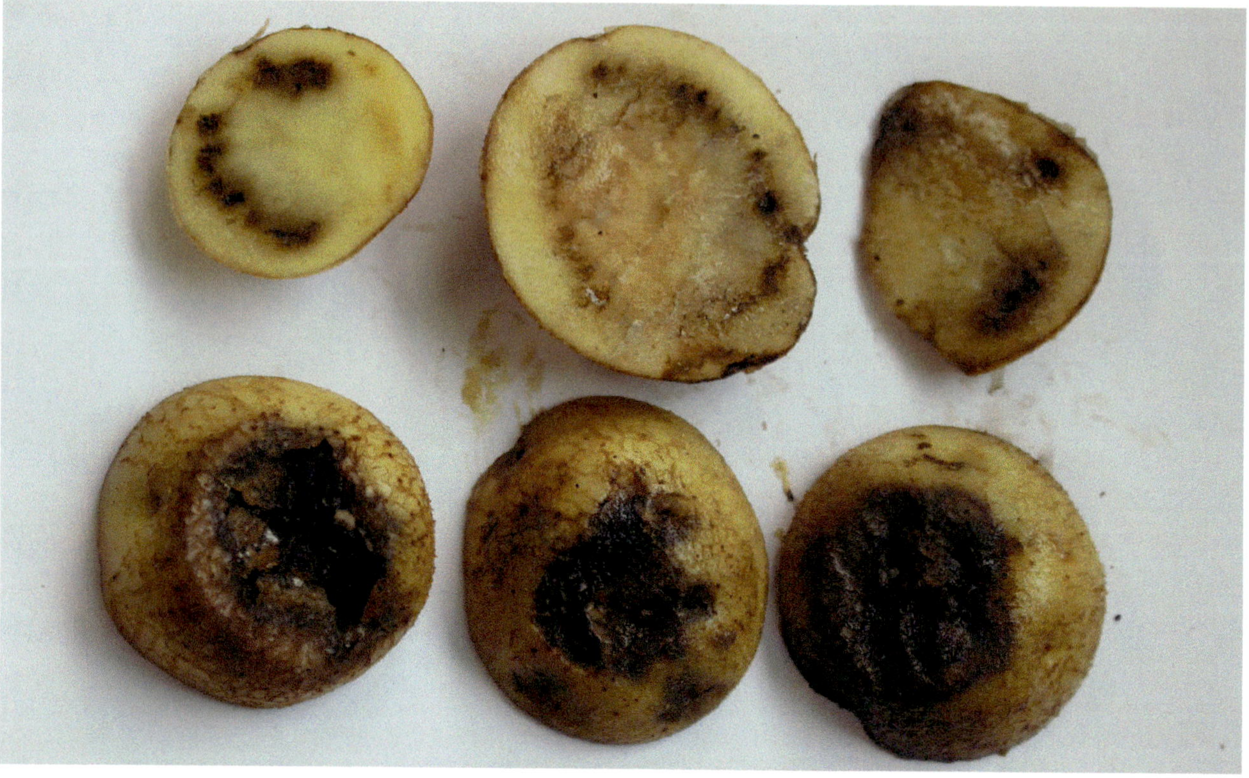

병징 포장에서 가장 먼저 작은 잎이 녹색이 바래 누렇게 된다. 이어서 잎 가장자리가 괴사하고, 마침내 포기 전체가 위축되고 때로는 시든다. 이 시기에 줄기의 관다발이 갈색으로 변하고 줄기를 잘라서 눌러보면 잘린 부분의 관다발에서 우윳빛의 점액이 나온다. 이것이 진단의 핵심이다. 덩이줄기의 관다발이 누렇게 변하고 때로는 갈색이 된다. 병이 진행되면 세균액이 피해부에서 흘러나오므로 덩이줄기를 눌러보면 확인이 된다. 더 진행되면 관다발은 검게 변하여 썩고 빈틈이 생긴다. 또한 수확 때에는 병징을 나타내지 않는 것도 있다. 자외선을 조사하면 녹색형광을 발하므로 진단에 유효하다.

병원균 *Clavibacter michiganensis* subsp. *sepedonicus* (Spieckermann and Kotthoff 1914) Davis, Gillaspie, Vidaver and Harris 1984 호기성 그람양성의 짧은 간균. 크기는 0.5~1.2×0.3~0.6㎛, 비운동성으로 편모가 없다. 생육적온은 21~24℃, 최고 생육온도는 31~32℃, 50℃에서는 10분으로 사멸한다. 건조에 강하다. 토양에서는 1~2개월 생존한다. 토마토, 가지, 고추 등에 인공적으로 접종할 수 있지만, 증상은 가볍다.

전염 주로 종자에 의한 전반이다. 병원세균은 덩이줄기에서 생존한다. 본 세균은 절단용 칼이나 용기를 오염시켜 전염한다. 여름의 고온으로 다습한 조건에서 병징이 심해지지만, 16℃ 이하에서는 병세가 완만하고 발견이 어렵다.

감자 해충

[Insect pests]

01 감자 썩이선충

(*Ditylenchus destructor* Thorne)

▲ 감자썩이선충의 피해를 받은 감자

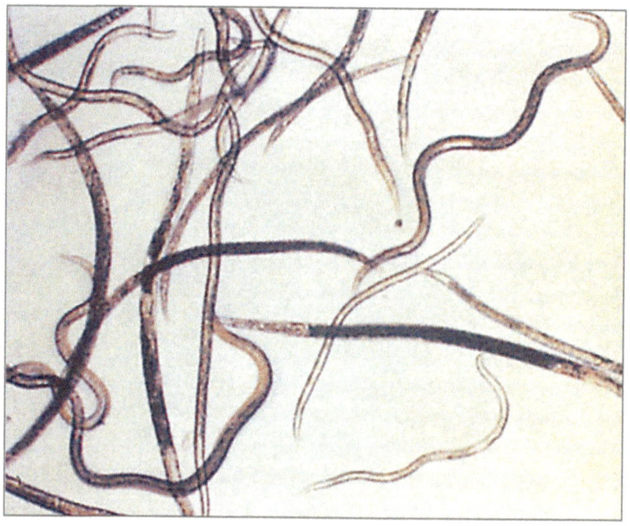

▲ 감자썩이선충

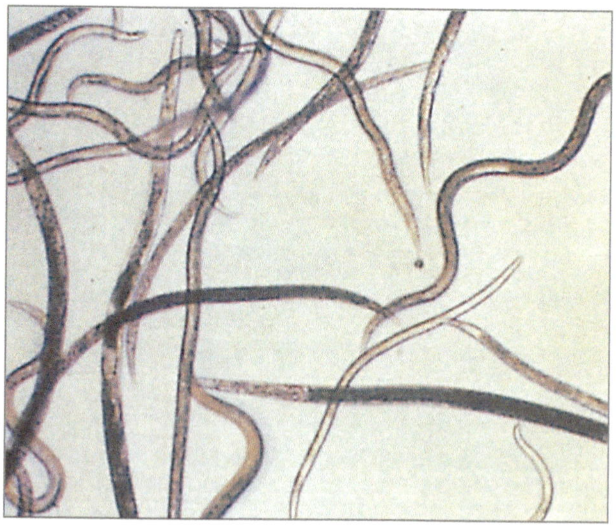

▲ 감자썩이선충

형태 씨알선충과. 이동성이 있는 내부기생성 선충이다. 성충은 암수 모두 몸길이가 0.8~ 1.4mm이다. 옆선은 6개로 4개의 마늘줄기선충과 구별할 수 있다.

피해와 생태 감자의 괴근에 기생하여 표면부터 부패시킨다. 450종 이상의 식물이 기주로 알려져 있다.

02 감자 뿌리썩이선충류

(*Pratylenchus* spp.)

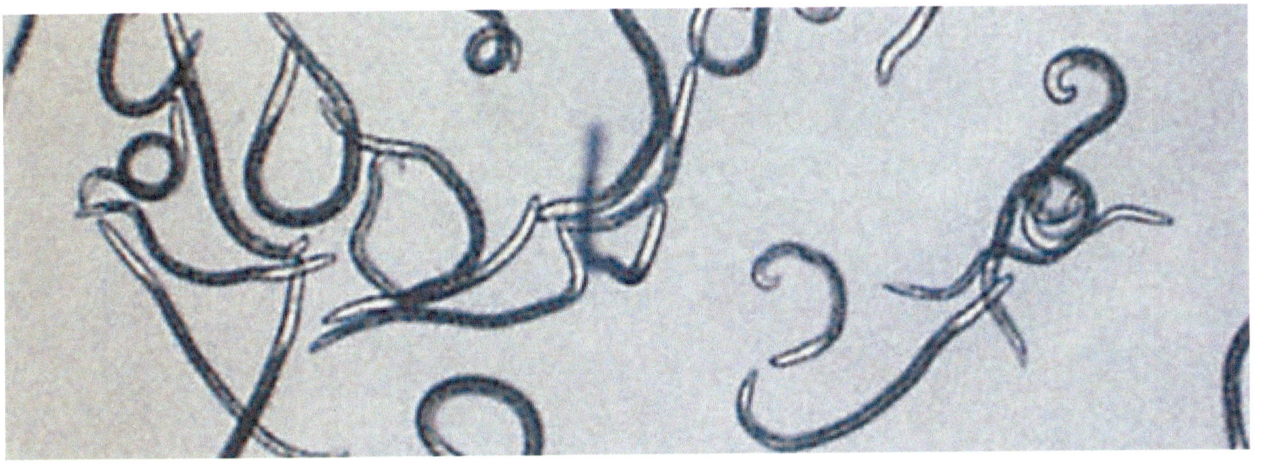

▲ 뿌리썩이선충류 일종

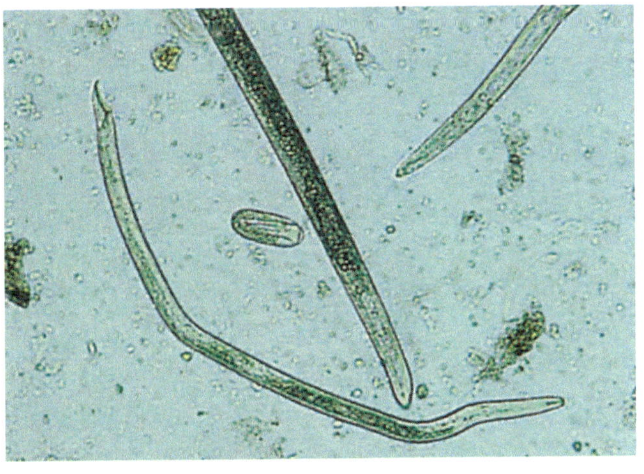

▲ 뿌리썩이선충류 일종

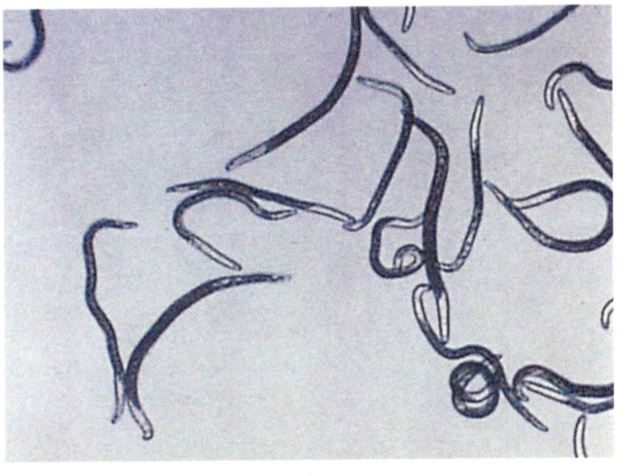

▲ 뿌리썩이선충류 일종

형태 몸길이는 0.3~0.8mm이다.

피해와 생태 썩이선충과. 이동성이 있는 내부기생성 선충이다. 감자에서는 커피뿌리썩이선충 외에 콩뿌리썩이선충(*P. neglectus*), 딸기뿌리썩이선충, 사과뿌리썩이선충(*P. vulnus*)이 기록되어 있다. 성충과 유충 모두 뿌리에 침입하여 피층부를 이동하면서 기생하여 가해하며, 괴경에도 침입한다. 뿌리나 괴경에 갈변병반을 형성하지만, 보통 커피뿌리썩이선충에 의한 피해가 가장 크고, 다른 선충에 의한 피해는 적다.

방제 태양열소독은 비닐하우스를 여름철 고온기에 유기물, 담수 등으로 처리한 후 비닐로 완전 밀폐시켜 토양중의 선충 등 병해충을 방제하는 물리적 수단으로 효과적이다. 또 유기물 시용도 좋은 효과를 나타내는데, 퇴비가 많으면 많을수록 선충의 이동이 장해를 받기 때문이다. 밭에 기생하는 뿌리썩이선충은 침수상태에서 장기간 생존이 불가능하기 때문에 답전 윤환 재배가 가능한 포장에서는 유용한 선충방제법이다.

03 감자 씨스트선충

(*Globodera rostochiensis* Wollenweber)

▲ 뿌리에 기생된 감자씨스트(선충의 암컷성충)

▲ 감자씨스트선충의 2기유충

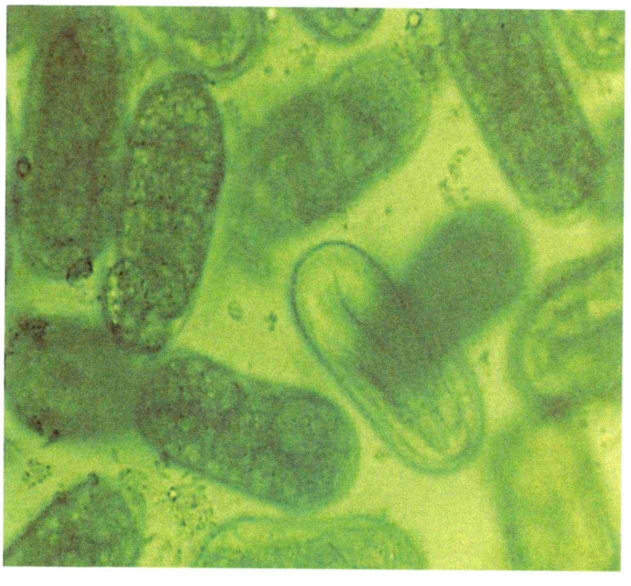

▲ 감자씨스트선충의 알

▲ 감자 씨스트선충의 씨스트

형태 씨스트선충과. 정착성인 내부기생성 선충이다. 암컷성충은 직경 0.6mm의 구형으로 23㎛의 구침이 있다. 성장하면서 유백색에서 황금색으로 변한다. 따라서 본종은 golden nematode로도 불린다. 암컷성충의 피부는 비대해지고, 사망한 뒤 씨스트화 되어 갈색~암갈색을 띤다. 수컷성충은 몸길이 1.1mm의 선형으로 무색이다. 알은 장경 103㎛의 섬모양이다. 2기 유충은 몸길이가 0.4mm의 선형으로 무색이다. 뿌리에 기생한 유충은 소시지 모양에서 서양배 모양으로 비대해지며, 3회의 탈피를 거쳐 성충으로 된다. 본종의 속명으로 예전에 Heterodera가 이용되었다.

▲ 감자 씨스트선충의 피해포장

피해 토양 중의 유충이 봄에서 초여름에 고밀도로 뿌리에 침입한다. 성충으로 발육하는 7월 상순부터 지상부의 위축, 초장의 저하가 눈에 띄기 시작한다. 잎의 색이 퇴색되면서 아래 잎이 말라 떨어지고, 위 잎만이 남는 상태가 된다. 심한 경우에는 생육 도중에 고사한다. 감자의 수확 감수율은 건조한 토양 1g 속에 10개의 알이 있으면 20%, 100개의 알에서 60% 정도이다. 가지, 토마토에도 기생하지만, 증식률은 낮다.

생태 씨스트 속의 알로 월동하며, 감자의 발근과 함께 뿌리에서 분비되는 부화 촉진물질의 자극으로 2기 유충이 부화하며, 토양 중으로 유출된다. 뿌리로 유충의 침입은 5월 중하순에 시작된다. 토양 중의 유충밀도의 피크는 6월 중순에 보인다. 7월 중순에는 뿌리 표면에 노출된 황금색 암컷성충의 밀도가 최대로 된다. 산란된 알에서 부화한 유충에 의한 토양 중의 유충의 피크는 8월 중순에 나타난다. 그러나 이 무렵에는 뿌리의 노화가 진행되어 있기 때문에 부화유충은 뿌리에 기생하지 못하고 사망하는 것이 대다수이며, 대부분은 연 1세대이다. 토양 중의 씨스트 분포는 지표 아래 50cm에 이르지만, 전체의 약 85%가 상부 25cm에 있다. 씨스트 안에 내장된 알은 200~400개이다. 본종은 세계 각지에서 식물 검역의 가장 중요한 선충 중 하나이다.

04 감자 땅강아지

(*Gryllotalpa orientalis* Burmeister)

▲ 땅강아지 종령유충

형태 땅강아지과. 성충은 몸길이가 약 30mm이다. 전체적으로 암갈색이며, 미세한 털이 촘촘하게 나 있다. 앞가슴 등면은 벨벳 모양의 광택이 있다. 앞날개는 짧고, 뒷날개는 막질로 길어 복부 끝을 넘는다. 앞다리 종아리마디는 두터운 삼각형으로 넓어지며, 4개의 발톱모양 큰 가시가 있다.

피해와 생태 땅속에 터널을 뚫어 생활하고 보리류, 잡곡류, 콩류, 사탕무 등의 뿌리 부근을 식해한다. 묘시기에 터널로 인해 뿌리가 절단되거나 들고 일어나 고사하는 경우가 있다. 감자에서는 괴경에 새끼손가락 끝 정도 크기의 식해 자국을 남기기 때문에 품질을 손상시켜 피해가 크다. 또한 뿌리나 괴경을 지표로 노출시켜 작물체의 안정을 방해시켜 수확 감수의 요인으로 된다.

▲ 땅강아지 성충

▲ 땅강아지 유충에 의한 피해

▲ 땅강아지 유충

05 감자 담배거세미나방

(*Spodoptera litura* Fabricius)

▲ 담배거세미나방 성충

형태 밤나방과. 성충의 앞날개 길이는 16mm 내외이다. 앞날개는 어두운 갈색~자갈색으로 앞 가장자리 중앙에서 비스듬하게 뒤쪽으로 향해 두터운 회백색 줄이 눈에 띈다. 노숙유충은 몸길이가 40mm 내외이다. 몸은 회녹색, 암녹색, 암갈색 등 변화가 많다.

피해와 생태 유충은 잎이 넓은 식물의 광식성 해충으로 때때로 대발생하여 큰 피해를 입힌다. 노숙유충에 의한 잎의 식해에서 도둑나방 유충과 구별하는 것은 어렵지만, 노숙유충의 머리는 야도충에서는 황갈색, 본종에서는 검은색이므로 구별할 수 있다. 가을 2기작 감자에서는 9월경부터 11월경에 걸친 가을 재배에 주로 발생하며, 5~6번째 세대의 유충에 의한 피해가 크다.

방제 화학적 방제 시 가장 중요한 것은 어린 유충시기에만 감수성이 높으므로 유충 발생 초기에 방제 전용약제를 살포하는 것이 좋다. 노숙하면 약제 원액에도 견딜 만큼 저항성이 발달한다. 생물적 방제로는 고치벌, 맵시벌, 깡충좀벌 같은 기생천적을 이용하고 핵다각체바이러스, 세균, 곰팡이, 선충 등을 이용하여 방제한다.

▲ 담배거세미나방 종령유충

▲ 담배거세미나방 중령유충

▲ 담배거세미나방 유충

▲ 담배거세미나방 어린유충

▲ 알무더기와 부화유충

▲ 어린유충과 피해

06 감자 뿔나방

(*Phthorimaea operculella* Zeller)

▲ 감자뿔나방 성충

형태 뿔나방과. 성충은 앞날개 길이가 6.5~6.9mm이다. 수컷의 앞날개 앞 가장자리의 기부에서 긴 털 다발이 나오며, 앞 가장자리를 따라 날개의 절반 가까이까지 도달한다. 날개의 반점무늬는 개체에 따라 변화가 많지만, 뒷가장자리 부분이 검고, 주름 위에 2개 정도의 어두운 작은 무늬가 있는 개체가 많다. 머리 앞면에는 머리 위를 넘어 휘어진 이빨모양의 짧은 수염이 있다. 알은 직경 0.5mm의 거의 구형으로 처음에는 옅은 황색, 나중에 검어진다. 유충의 몸색은 먹이 등에 따라 변화하며 황백색~녹색, 때로는 복숭아색이다. 노숙유충은 몸길이가 10mm 전후이다.

피해 유충이 담배, 가지, 토마토 등 가지과 식물을 가해한다. 감자에서는 부화유충이 잎에 잠입하여 엽육을 먹기 때문에 피해부가 하얗고 투명하게 보인다. 잎굴파리 등과 유사한 선모양의 식흔으로 되지만, 나중에 부정형의 주머니모양으로 된다. 유충이 괴경에 먹어 들어가면 배설물을 밖으로 배출하므로 알기 쉽다. 피해는 괴경으로 먹어 들어가 중요하며, 이것은 수확 시 또는 상시 발생하는 저장창고 내에서 괴경의 눈 부근에 산란한 알이 원인이 된다.

생태 감자의 이동에 따라 남미에서 전 세계로 확산된 것으로 생각된다. 휴면단계가 없고, 한랭지에서는 월동할 수 없다. 온난한 지역에서는 연 4~6회 발생하며, 월동의 주체는 고치 속의 노숙유충이다. 유충은 잎과 괴경을 식해하면서 4회 탈피하며, 노숙하면 식해한 부위에서 밖으로 나와 얇은 고치를 만들어 번데기가 된다. 다른 남방계 해충과 마찬가지로 여름 이후에 발생이 많아지는 경향이 있다. 비가 적고, 건조한 기후는 대발생하기 쉽다. 성충은 우화한 다음 날부터 산란하기 시작하며, 엽맥 부근이나 괴경의 눈 등에 1개씩 산란한다. 알, 유충, 번데기의 발육영점은 모두 약 11℃이며, 그 이하의 온도에서는 발육할 수 없다. 1세대를 완료하는데 25℃에서 약 1개월, 18℃에서 약 2개월이다.

▲ 감자뿔나방 성충

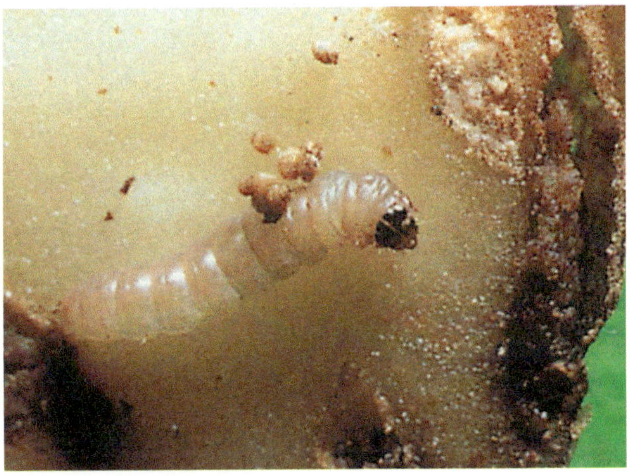

▲ 감자뿔나방 유충

▲ 감자뿔나방 번데기

▲ 감자뿔나방 유충과 피해 잎

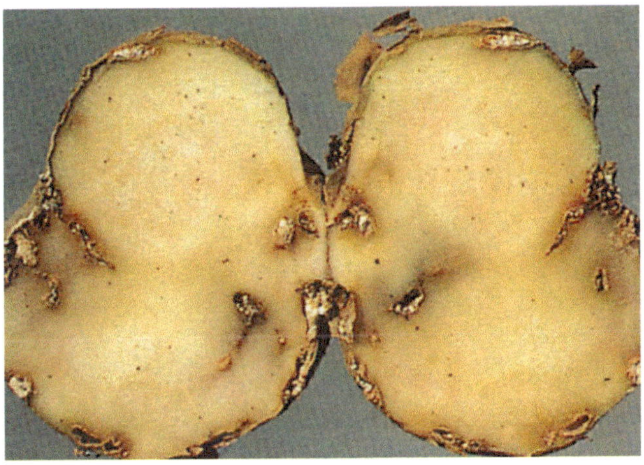

▲ 감자뿔나방의 피해를 받은 감자

▲ 감자뿔나방 유충에 의한 피해

방제 감자 저장고뿐만 아니라 가을감자 재배 시에 큰 문제가 될 우려가 있으므로 밭에서 발생을 세밀하게 관찰해서 유충이 식물체에서 발견되면 등록된 약제를 경엽처리 한다. 저장고 내 감자뿔나방 성충을 잡기 위하여 외국에서는 감자뿔나방 페로몬트랩을 저장고에 설치하여 유살시키는 방법을 쓰기도 한다.

07 감자 파밤나방

Spodoptera exigua (Hübner)

▲ 파밤나방 암컷성충

피해의 특징 애벌레가 식물의 잎, 줄기를 식해하며 기주범위가 넓어 피해의 특징 파, 양파, 배추, 양배추, 무, 시금치, 고추, 수박, 오이, 쑥갓, 땅콩, 콩, 팥, 녹두, 강낭콩, 완두, 동부, 감자, 들깨, 옥수수, 고구마, 국화, 안 개초, 카네이션, 글라디올러스, 접시꽃, 맨드라미, 엉겅퀴, 익모초, 자주개자리, 차나무, 쇠비름, 개 비름, 명아주 등 40과 200여종에 피해를 준다. 어른벌레가 새순 부위에 알덩이로 알을 낳는다. 부화된 애벌레는 집단으로 새순 부위를 표피만 남기고 가해 하다가 자라면서 분산하여 독립적으로 잎과 꽃대 부위를 폭식한다. 주로 7월 이후 노지에 재배중인 어린 묘에 발생이 많으며 큰 피해를 준다.

형태와 생활사 어른벌레의 길이는 8~10㎜, 날개를 편 길이는 11~12㎜이며 앞날개는 회갈색으로 중앙부에 연한 황색 또는 황색의 점이 있고 그 옆에 콩팥 무늬가 있다. 알은 0.3㎜내외의 구형이며 담황색으로 잎 표면에 좁고 길게 무더기로 알을 낳는다. 애벌레는 황록색이며 중간 이후에는 색깔의 변화가 심하며 녹색 또는 갈색이 많다. 애벌레의 측면에는 뚜렷한 흰 선이 있고 기문 주위에는 분홍색의 반달무늬가 있다. 부화 애벌레는 1㎜내외이고 다 자란 애벌레의 길이는 35㎜정도에 이른다. 알기간은 2~5일, 애벌레기간은 9~23 일, 번데기기간은 5~14일, 어른벌레의 알 낳는 기간은 5~8일, 알 낳은 수는 700~1300개이다. 1년에 4~5회 발생하는데 남부지방에서는 6월 상순부터 11월 하순까지 발생하며 발생최성기는 9월 중순경이다. 중부지방에서는 월동이 불가능하지만 시설하우스 내에서 재배되는 식물에는 연중 발생한다.

▲ 파밤나방 유충

▲ 파밤나방 유충에 의한 피해

▲ 파밤나방에 의한 피해

방제 이 해충은 1~2령의 애벌레 기간에는 약제 방제효과가 높은 편이나 3령 이후 노숙충이 되면 약제에 대한 내성이 증가하고 약제에 노출될 기회가 적어져서 방제가 어렵다.

08 감자 박쥐나방

(*Endoclyta excrescens* Butler)

▲ 박쥐나방 번데기

▲ 박쥐나방 유충

▲ 박쥐나방 성충

형태 박쥐나방과. 성충은 앞날개 길이가 30~48 mm이다. 옅은 다갈색으로 앞날개의 앞 가장자리에서 중앙에 걸쳐 황갈색의 큰 삼각형 반점이 있고, 그 바깥쪽에 옅은 색의 비스듬한 띠가 눈에 띈다. 더듬이는 짧다. 노숙유충의 몸길이는 55~60mm이다. 머리는 둥글고 크며, 적색~흑갈색이다. 몸은 옅은 황백색으로 각 마디 등면의 경피판은 황갈색이다.

피해와 생태 어린 유충이 감자의 줄기에 침입하여 터널모양으로 식해한다. 식해한 구멍에서 배설물을 배출하여 먹은 찌꺼기나 실로 철한다. 성장할수록 감자보다 줄기가 두터운 작물, 예를 들면 옥수수, 담배나 수목의 줄기로 이동하여 먹어 들어가며 가해한다. 피해는 산간지나 잡목림 등에 가까운 밭에서 많다.

▲ 박쥐나방 유충

▲ 박쥐나방 유충

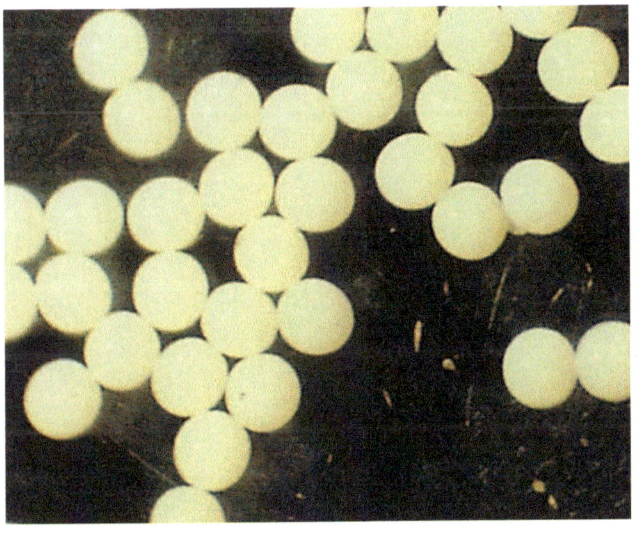

▲ 박쥐나방 알

▲ 박쥐나방 유충이 배출한 나무부스러기와 배설물

▲ 박쥐나방 중령유충 및 피해

▲ 박쥐나방 유충에 의한 피해

09 감자 목화진딧물

(*Aphis gossypii* Glover)

▲ 목화진딧물 유시형 성충과 유충

형태 진딧물과. 무시태생 암컷은 몸길이가 약 1.2mm이다. 어두운 녹색으로 오히려 검은색으로 보인다. 유충은 녹색이지만, 황색인 것도 있다. 더듬이는 옅은 황색이며, 각 마디의 끝부분과 6번째 마디는 검은색이다. 유시태생 암컷도 검은색이며, 몸길이가 약 1.7mm이다. 더듬이는 검은색이다. 날개는 회색으로 날개의 반점은 어두운 갈색이다. 복부 등면의 각 마디에 작은 반점무늬를 가진 것도 있다. 알은 타원형이며, 산란 당시에는 황백색이고, 나중에 검은색으로 되어 광택이 있다.

피해 신엽에 기생하면 잎을 약간 세로로 말고, 그 안쪽 및 신초에 성충과 유충이 모여 산다. 다 자란 잎에서는 뒷면에 많지만, 표면에도 모인다. 감자 외에 채소, 밭작물, 화훼, 정원수, 과수 등 매우 많은 식물에 기생하며, 야생의 풀을 포함한 110종이 기록되어 있다. 또한 다수의 식물에서 바이러스병의 매개자로서 중요하다.

생태 주요 기주식물은 무궁화, 부용, 노박덩굴, 연밥갈매나무 등이 알려져 있다. 이들 식물에서 월동한 알은 4월 10일경 부화하며, 식물의 작은 새싹에서 간모가 성충으로 된다. 5월초 3번째 세대로 유시태생 암컷이 나타나 중간기주식물로 이주한다. 여름동안 많은 중간기주식물 위에서 세대를 반복한 뒤, 가을에 유시태생 암컷이 다수 나타나 주기주식물로 이주한다. 이 유시태생 암컷에서는 산란암컷이나 무시태생 암컷이 태어난다. 또한 중간기주식물 위에서 수컷이 태어나 주기주식물로 이주한다. 이들이 교미 후 주기주식물의 싹 기부나 수피가 갈라진 틈에 산란한다. 이와 같은 생활환을 완전생활환이라 한다. 한편, 중간기주식물 위, 특히 개불알풀, 냉이, 접시꽃 등에서 태생암컷 및 유충으로 월동하는 것으로 알려져 있으며, 겨울철에도 자식을 계속 낳고, 봄에 유시태생 암컷의 중요한 비래원으로 된다. 이와 같은 생활환을 불완전생활환이라 한다. 양자의 생활환이 일반적이지만, 열대 및 아열대지방에서는 양성세대의 출현이 없이 불완전생활환만을 영위하는 것으로 알려져 있다.

방제 작물이 싹트는 시기에 망사나 비닐 등을 이용해서 진딧물을 차단 하거나, 밭 주위에 키가 큰 작물을 심어 진딧물이 날아드는 것을 줄이거나, 청색테이프를 밭 주위에 쳐놓고 진딧물의 비래를 나추며 진딧물의 기주식물이나 전염원이 되는 작물을 미리 제거하여 진딧물 발생을 줄이는 방법 등으로 방제한다.

▲ 목화진딧물 유시형 성충(중앙), 무시형 성충, 유충

▲ 목화진딧물 성충과 유충

▲ 목화진딧물 무리

▲ 목화진딧물 피해 잎

10 감자 수염진딧물

(*Macrosiphum euphorbiae* Thomas)

▲ 감자수염진딧물 성충과 유충

형태 진딧물과. 무시태생 암컷의 몸길이는 3~4mm이다. 몸은 황녹색내지 옅은 녹색으로 광택은 없다. 긴 방추형이며, 더듬이는 6마디로 몸길이보다 길다. 각상관은 옅은 황색이고, 긴 원통형으로 몸길이의 약 1/3이며, 끝부분은 암갈색으로 그물모양을 띤다. 유시태생 암컷은 몸길이가 약 2.7mm로 청록색이다. 머리와 가슴은 검은색이지만, 복부에는 반점무늬가 없다. 더듬이는 몸길이의 약 1.2배이다.

피해 매우 광식성으로 가지, 감자를 비롯한 많은 채소류, 화훼류 등에 주로 기생한다. 또한 채소나 초화류의 바이러스병 매개자로서도 중요하다. 튤립에서는 꽃에도 병반이 생겨 피해가 크다.

생태 생활사는 불분명하지만, 고랭지에서는 알로 월동하는 듯하다. 따뜻한 지역에서는 쑥 등 야생의 풀에도 기생하며, 태생암컷이나 유충으로 월동하는 듯하다.

방제 작물이 싹트는 시기에 망사나 비닐 등을 이용해서 진딧물을 차단 하거나, 밭 주위에 키가 큰 작물을 심어 진딧물이 날아드는 것을 줄이거나, 청색테이프를 밭 주위에 쳐놓고 진딧물의 비래를 나추며 진딧물의 기주식물이나 전염원이 되는 작물을 미리 제거하여 진딧물 발생을 줄이는 방법 등으로 방제한다.

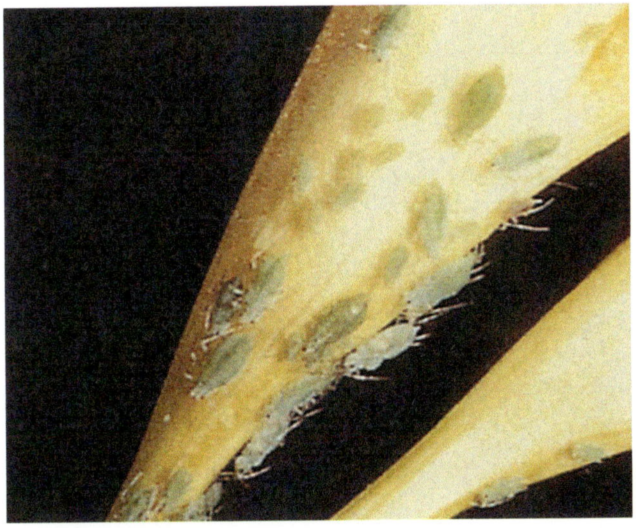

▲ 감자수염진딧물 성충과 유충

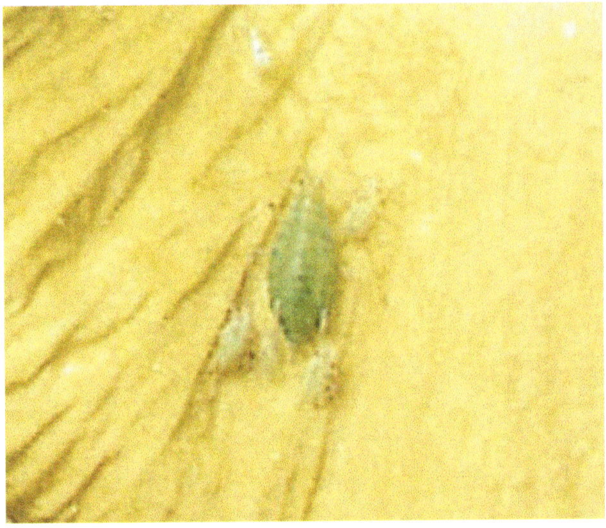

▲ 감자수염진딧물 성충과 유충

▲ 감자수염진딧물 성충과 유충

▲ 감자수염진딧물 성충과 유충

▲ 진딧물류가 매개하는 바이러스병

▲ 진딧물류가 매개하는 Y바이러스병(괴저)

11 감자 복숭아혹진딧물

(*Myzus persicae* Sulzer)

▲ 복숭아혹진딧물 성충

형태 진딧물과. 무시태생 암컷의 몸길이는 1.8~2.0mm이다. 몸색은 백색, 황색, 황록색, 적갈색의 것으로 변화가 많다. 몸에는 광택이 있고, 안면 혹은 잘 발달되어 있다. 더듬이는 6마디로 몸길이보다 짧고, 몸과 같은 색이다. 각상관은 긴 원통형으로 중앙부가 약간 부풀어 있다. 유시태생 암컷은 몸길이가 약 1.9mm이다. 머리와 가슴은 검은색이고, 복부는 무시태생 암컷과 유사하지만, 등면에 큰 반점무늬가 있다.

피해 십자화과 채소를 비롯한 많은 채소와 과수의 해충으로 중요하다. 감자에서도 잎 뒷면에 모여 살며 흡즙하여 가해하기 때문에 잎이 시들거나 말린다. 또한 많은 바이러스병을 매개하는 것이 알려져 있다.

생태 주기주식물은 복숭아, 자두 등이며, 중간기주식물로는 채소, 과수, 야생의 풀 등 많은 식물이 알려져 있다. 추운 지역에서는 주기주식물에서 알로 월동하지만, 따뜻한 지역에서는 중간기주식물에서 태생암컷 및 그 유충으로 월동하는 것이 많다. 5월경에 유시태생 암컷이 나타나 많은 식물에 분산 이주하여 크게 번식한다. 여름철은 담배나 참깨 등을 제외하고, 많은 식물에서 밀도가 급격히 감소한다. 가을철에 산란암컷이 나타나 주기주식물로 이주하여 산란암컷을 낳고, 수컷이 비래하여 교미한 후 산란암컷이 싹의 기부에 산란한다.

방제 작물이 싹트는 시기에 망사나 비닐 등을 이용해서 진딧물을 차단 하거나, 밭 주위에 키가 큰 작물을 심어 진딧물이 날아드는 것을 줄이거나, 청색테이프를 밭 주위에 쳐놓고 진딧물의 비래를 나추며 진딧물의 기주식물이나 전염원이 되는 작물을 미리 제거하여 진딧물 발생을 줄이는 방법 등으로 방제한다.

▲ 복숭아혹진딧물 성충과 유충

▲ 복숭아혹진딧물 성충과 유충

▲ 복숭아혹진딧물 성충과 유충

▲ 복숭아혹진딧물 성충 및 유충

12 감자 뿌리방아벌레

(*Agriotes ogurae* Lewis)

▲ 뿌리방아벌레 성충

형태 방아벌레과. 성충은 몸길이가 8.7mm로 암갈색이고, 회색의 짧은 털이 빽빽하게 나 있으며, 광택이 있다. 더듬이와 다리는 적갈색이다. 노숙한 유충은 몸길이가 23mm 내외이고, 가늘고 긴 원통형으로 광택이 있는 옅은 난황색이다. 각 마디의 뒷가장자리는 어두운 색이다. 9번째 복부마디는 원추형으로 끝은 바늘모양의 작은 돌기로 된다.

피해와 생태 밭의 철사벌레의 대표종이다. 유충이 감자의 괴경에 침입하여 품질을 저하시킨다. 보리류, 옥수수의 해충으로도 유명하다. 1세대에 3년을 요한다. 성충은 낮에는 어두운 곳에 숨어 있는 습성이 있다.

방제 유충기간이 매우 길어서 일년 내내 포장에서 유충이 발견되므로 유충을 효과적으로 방제하기 위하여는 토양 살충제를 씨감자 심기 전후에 토양 전면에 살포한 후에 잘 경운하여 약제 효과가 골고루 퍼지도록 한다.

▲ 뿌리방아벌레 성충

▲ 뿌리방아벌레 유충

▲ 뿌리방아벌레 유충에 의한 그루터기 피해

▲ 뿌리방아벌레 유충

13 감자 큰이십팔점박이무당벌레

(*Epilachna vigintioctomaculata* Motschulsky)

▲ 큰이십팔점박이무당벌레 성충

▲ 알무더기

형태 무당벌레과. 이십팔점박이무당벌레와 함께 됫박벌레로도 부른다. 성충의 몸길이는 7mm 내외의 반구형이다. 몸의 등면은 적갈색이고, 회갈색의 연한 털이 촘촘하게 나 있으며, 앞가슴등판에 3개, 좌우의 앞날개에 각각 14개의 검은 무늬가 있다. 앞가슴등판 중앙의 검은 무늬는 세로로 긴 칼모양이다. 몸의 뒷면은 검은색이다. 알은 짙은 황색으로 길이가 약 1.5mm의 긴 타원형이다. 알무더기로 산란되지만, 각 알들은 조금씩 떨어져 직립되어 있다. 유충은 종령에서 몸길이가 9mm 내외이고, 몸은 방추형으로 피부는 황색이다. 등면은 검은색의 수지모양돌기로 덮여 있다. 번데기는 황색으로 몇 개의 검은 무늬가 있고, 복부 끝에는 유충의 탈피각이 붙어 있다.

피해 성충과 유충 모두 가지과 식물을 잎의 뒷면에서 표피만 남기고 식해한다. 두터운 가로선을 나열한 것 같은 식해자국을 만들며, 이십팔점박이무당벌레의 식해자국과 유사하지만, 그 외의 식엽성 해충의 피해와는 쉽게 구별할 수 있다. 이 식해부분은 곧 갈변한다. 감자에서는 싹이 나온 뒤 생육이 좋은 포기로 성충이 비래하여 식해하고 산란하며, 유충의 식해도 더해져 피해가 포기 전체로 퍼지기 때문에 생육이 지연되고, 괴경의 비대가 방해받아 수확이 감수된다. 가지, 토마토 등 가지과 채소의 해충으로서도 유명하다.

▲ 큰이십팔점박이무당벌레 성충

▲ 큰이십팔점박이무당벌레 유충과 식해흔적

▲ 큰이십팔점박이무당벌레의 식해흔적

생태 보통 연 1회 발생한다. 성충은 포장 부근 산림의 낙엽 밑이나 나무껍질 밑에서 월동하며, 이듬해 봄에 감자의 싹이 나오는 시기부터 밭에 비래하여 2~3주에 걸쳐 잎을 식해한 후, 20~30개의 알을 하나의 무더기로 잎 뒷면에 산란한다. 부화한 유충은 잎 뒷면을 그물모양으로 식해하며, 잎의 일부를 마르게 한다. 4령을 거쳐 노숙한 유충은 잎 뒷면에서 번데기가 되며, 약 2주 후 새로운 성충이 나타난다. 이 성충은 매우 광식성으로 감자가 수확 등으로 없어진 경우에는 많은 종류의 작물을 식해한다. 그러나 고온(평균기온 30℃이상) 건조가 계속되면, 습도가 높은 서늘한 장소로 이동하므로 밭에서의 밀도가 크게 내려간다. 9월 상중순에 다시 밀도가 높아지고, 가지과 식물을 식해한 후 10월 상순경 월동장소로 이동한다.

방제 월동 성충이 5월 초부터 발생하므로 감자를 심은 후 경엽 출현기부터 계속적인 관찰이 필요하다. 1회 성충이 발생하는 시기인 6월 중순경에 유충, 성충이 다량 발생하면 적용약제를 살포해야한다.

14 감자 무당벌레붙이

(*Harmonia axyridis*)

▲ 무당벌레붙이에 의한 피해

형태 무당벌레는 딱정벌레목(*Coleoptera*) 무당벌(*Coccinellidae*)에 속하는 해충으로 왕무당벌레붙이와 비슷하다. 어른벌레, 알, 애벌레, 번데기는 왕무당벌레붙이에 비하여 소형이다. 애벌레는 백색이고 번데기는 황백색이며 어른벌레는 적갈색이다.

피해 어른벌레와 애벌레가 봄부터 늦가을까지 감자, 가지등 가지과 식물의 잎을 표피만 남기고 가해한다. 집단으로 가해하여 심하면 엽맥만 남게 된다. 왕무당벌레붙이에 비하여 따뜻한 지방에서 발생한다.

생태 1년에 3회 발생하며 어른벌레로 월동한다. 월동성충은 5월부터 나와서 감자, 꽈리 등에 알을 낳으며 부화 애벌레가 기주 식물의 엽육을 표피만 남기고 가해한다. 1화기 어른벌레는 7월 중순부터 나타나 가지, 고추, 감자 등에 알을 낳는데 잎 뒷면에 무더기로 붙여 놓는다. 난괴당 알 수는 수십 개다.

방제 포장에서 발생 여부를 세밀하게 조사한 뒤 발생초기에 적용약제를 살포한다.

15 큰 검정풍뎅이

(*Holotrichia parallela* Motschulsky)

▲ 검정풍댕이 성충

▲ 검정풍댕이 성충

▲ 검정풍댕이 유충

피해 및 생태 C자모양의 유충이 땅속에서 작물의 뿌리를 갉아먹거나 잘라먹으며 성충은 잎을 먹어서 피해를 준다. 성충은 20mm 전후이며 참검정풍뎅이의 등면은 전체적으로 광택이 있는 검은색이지만 큰검정풍뎅이는 검은색으로 광택이 없다. 년1회 발생하며 6월 하순~8월 중순까지 우화하며 최성기는 7월 중순경이다. 성충은 땅속에 알을 낳으며 유충은 뿌리를 가해하면서 3령을 경과하여 번데기가 된다.

방제 유충의 부화기(7월 하순)에 적용약제를 토양처리 한다.

16 감자 오이총채벌레

(*Thrips palmi* Kamy)

▲ 오이총채벌레 암컷성충

피해 유충과 성충이 기주식물의 잎, 꽃 줄기, 열매에 피해를 준다. 피해증상은 순부위에 피해를 받으면 새로 나오는 어린잎이 위축된다. 감자 포장에 발생하면 외관상으로는 가뭄으로 인한 생육 부진으로 잎이 쭈글쭈글해져 바이러스병으로 오인할 우려가 있는데 해충이 너무 작아 쉽게 발견하기 어려워 큰 피해를 받을 위험이 있다.

생태 성충은 식물의 조직 속에 알을 낳으며 주로 토양 속에서 번데기가 된다. 야외에서는 1년에 약11세대, 온실에서는 1년에 20세대를 경과하여 발생한다. 온도가 높을수록 발육기간이 짧아지고 산란수는 20~25℃에서 가장 많다. 겨울 동안에는 시설재배 작물에서 발생하고 여름에는 노지작물로 옮겨와 발생하며 시설 내에서는 연간 15세대 이상 발생이 가능하다.

방제 밭 주위환경을 깨끗이 하고 수확 후 잔재물은 땅속 깊이 묻거나 불에 태운다. 밭에서의 화학적 방제는 초기 방제를 원칙으로 한다. 시설재배에서는 출입문과 환기창에 망사를 씌워 성충의 침입을 막고 또한 총채벌레가 잘 유인되는 흰색 끈끈이판을 시설 내에 설치하여 성충을 유인하여 죽인다. 겨울철에는 작물재배가 끝난 다음 출입문이나 환기구를 열어놓아 시설내의 해충을 저온에 노출시켜 죽이는 것이 효과적이다.

▲ 오이총채벌레 암컷성충

▲ 오이총채벌레 암컷성충

▲ 오이총채벌레 성충과 유충

▲ 오이총채벌레 2령유충

▲ 오이총채벌레 암컷성충 흡즙피해 잎

▲ 오이총채벌레 피해 잎(감자)

감자 생리장애

[Physiological stress]

01 서리피해

남부 지방에서 봄 감자를 일찍, 아주심기 하면 늦서리 피해를 받아 지상부가 완전히 말라죽는 사례가 몇 년에 한 번씩 발생하게 되는데 이와 같은 피해가 염려되는 지역에서는 싹틔워 아주심기보다는 조기에 직파 하여 비닐멀칭으로 재배하는 것이 안전하다.

02 감자일소(Burn)증상

피해증상 겨울시설재배에서 나타나는 증상으로 시설환경이 35도 이상으로 고온건조할때 고온장해가 일어나며 45도 이상이되면 처음에는 잎이 수침상으로 되며 옅은 갈색으로 마르고 잎이 타는 현상으로 증상이 심하면 생육이 지연되며 수량이 저하되는 원인이 된다.

방제대책 시설내의 온도관리를 철저히 하여 30도 이상일 때는 강제환기 팬을 설치하여 환기시켜 온도를 낮춘다. 생육후기에는 비닐하우스의 측면으로 환기가 될 수 있도록 한다

Ⅲ

양파

[Onion]

다양한 음식에 활용 4대 채소

우리나라 음식에서 필수 식재료인 양파는 매운맛을 내는 성분인 '알리신'을 함유하고 있어 맵고 단 맛이 나고, 항산화 작용과 혈중 콜레스테롤 수치를 낮춰주는 효능을 가지고 있다.

Ⅲ

양 파

[Onion]

학 명 *Allium cepa* L.

식물학적 특성

양파는 외떡잎식물 백합과 두해살이풀로 줄기는 50~100㎝이며 원산지는 아시아 남서부지방으로 추정된다. 종자의 발아온도는 4~30℃이고, 최적온도는 18℃이다. 내한성은 강해서 어린식물은 -8℃에서도 동해를 받지 않는다. 양파는 사질토 및 점질토에서 재배할 수 있지만 어릴 때 뿌리가 빈약하므로 건조하거나 겨울에 땅이 부풀어 오르는 곳에서는 생육이 좋지 못하다. 최적 토양 산도는 pH 6.3~7.8 이 가장 좋고, 표토가 깊고 부식질이 풍부하며 비옥한 땅이 가장 적당하다.

식품가치 및 이용

양파는 영양적인 가치나 향신료로서의 이용에 추가하여 함유하고 있는 황화합물과 플라보노이드(Flavonoid)계 화합물이 각종 질병의 치료 및 예방에 효과가 있기 때문에 기능성 식품으로서도 각광을 받고 있다. 양파의 조직이 붕괴되면서 몇 가지 화학작용과 효소의 촉매반응을 거쳐 생성되는 물질은 혈액의 응고를 억제하는 효과가 있어 혈전증이나 고혈압의 예방 및 치료에 효과가 있다. 양파에서 분리한 황아미노산은 혈당을 저하시키는 효과가 있어 당뇨병 치유에 효과가 있는 것으로 알려져 있다. 양파의 항균물질은 식중독 등의 발육을 억제하는 효과가 있으며, 그밖에도 양파는 중금속의 해독 효과, 항산화효과 및 콜레스테롤 저하효과 등 다양한 효능이 있는 것으로 알려져 있다. 양파의 껍질에 특히 많이 함유되어 있는 케르세틴(quercetine)은 발암물질의 활성 감소, 암세포의 효소작용 저해 및 해독효소의 활성 증대 등의 복합적인 효과에 의하여 유방암, 위장암, 피부암, 복수암 등 각종 암의 성장을 저해한다고 한다.

주요 농작업

생육과정(주요농작업)

8월	9월	10월	11월	12월	1월	2월	3월	4월	5월	6월	7월
	유묘기(조중만생)		활착기		월동기	경엽신장기		구비대기			
	파종 및 묘상관리	정식		배수구 정비	배수	1회웃거름	2회웃거름	병해충방제, 관수		수확	

기상재해 및 예상되는 문제점

8월	9월	10월	11월	12월	1월	2월	3월	4월	5월	6월	7월
	가뭄		저온	혹한	저온	잦은비	가뭄			장마	
	발아불량, 묘생육불량, 정식지연		초기생육 불량	동해	생육불량	습해발생 병다발생	구비대불량, 잎끝고사 고자리파리			수확지연 병다발생	

병충해 방제

8월	9월	10월	11월	12월	1월	2월	3월	4월	5월	6월	7월
		흑색썩음균핵병, 고자리파리, 파총채벌레				노균병, 잿빛곰팡이병, 세균병, 고자리파리			흑반병(채종재배) 총채벌레		

※ 농촌진흥청 농사로 인용

재배법

정식시기 평균기온이 15℃되는 시기로 10월 중~11월 중순이며 정식거리는 이랑나비 24~30cm, 포기사이 12~15cm이다. 정식 할 때의 모 규격은 엽초 굵기 6~7.5cm, 초장 25~30cm, 엽수 4매가 적합함

시비 (kg/10a) N 24.0, P 7.7, K 15.5

비료명	총량	밑거름(정식전)	웃거름(2월중순)	웃거름(3월중하순)
퇴비	2,000	2,000	-	-
요소	53	17	18	18
용성인비	39	39	-	-
염화칼리	26	10	8	8
석회	200	200	-	-

*밑거름을 복합비료로 줄때는 부족량을 단비로 보충하며 추비 시기는 조생종일수록 해동이 빠른 남부지방일수록 빨리함

본포관리 제초제 살포 후 3~4일간 가스 발산 후 멀칭하며 제초제에 따른 후작물에 영향도 고려한다. 관수는 구비대기인 4~5월에 7~10일 간격으로 충분히 관수하며 가뭄 시에는 스프링클러가 효율적임.

수확 및 저장 수확적기는 출하용은 70~80% 도복, 저장용은 50~60% 도복시 하며 맑은 날 1~2일간 밭에서 건조한다. 이병구, 추대구 등을 선별 제거 한 후에 장기간 저장할 경우의 적정 저장온도는 0~2℃, 습도 60~70% 정도가 적당하다.

양파 병해

[Disease]

01 양파 노균병
(露菌病 Downy mildew)

병징 및 발생생태 주로 잎에 발생하며 이른 아침 이슬이 있을 때 자세히 관찰하면 회색 또는 보라색의 줄무늬 병무늬에 보드라운 털 같은 병원균의 균사체를 볼 수 있다. 이 병의 토양전염은 연작지의 흙속에서 병원균(*Peronospora destructor*)이 병든 잔재물과 함께 난포자 형태로 수년 동안 생존하면서 감염을 일으키며 공기 전염은 병든 양파 잎 표면에 생성된 분생포자가 바람에 날려 전염되는 것으로 활물기생을 한다. 병원균은 식물체 표면에 습도가 95% 이상이고 물방울 맺힘이 2시간 이상 지속될 때 기공을 통해서 침입한다. 질소질 과용으로 식물체가 연약하게 자란 포장이나 물 빠짐이 불량한 곳에서 발생이 많은 경향이다.

방제 이 병은 주로 병원균이 오염된 포장에서 1차 감염되기 때문에 양파를 포함한 파속작물이 아닌 다른 작물을 선택하여 돌려짓기 한다. 1차 피해를 입은 양파는 2차 노균병을 일으키는 원인이 되므로 즉시 뽑아버린다. 2차 피해 노균병 방제를 위해서는 1차 피해주의 잎에 회색의 분생포자가 발생되기 시작하는 3~4월에 적용약제를 살포한다. 친환경 자재에 의한 방제로는 노균병 발생 초기에 10~12일 간격으로 아인산염 (1,000ppm)을 뿌린다. 병든 잎은 조기에 제거하여 불에 태우거나 땅속 깊이 파묻는다. 포장을 청결히 하고, 잎에 물방울이 장시간 맺혀 있지 않도록 관리한다. 시설하우스재배시 환기를 철저히 하고, 토양이 과습하지 않도록 한다.

02 양파 검은무늬병

(黑斑病 Black spot)

병징 및 발생생태 이 병은 *Alternaria porri*에 의한 곰팡이병으로 잎과 꽃자루에 작은 수침상 병무늬가 생긴다. 이어 병무늬가 담갈색으로 변하여 방추형 병무늬로 진행된다. 병무늬는 움푹 들어가고 암자색이 되며 흑갈색 그을음 모양의 분생포자가 겹둥근 무늬를 형성하며 노균병과 중복 감염되기도 한다. 4~5월에 비가 자주 오고 포장이 습할 때 많이 발생하며 비료가 부족하여 생육 후기에 식물체가 쇠약해지면 발생률이 높다.

방제 병이 발생한 포장은 2~3년 돌려짓기하며 생육후기에 비료분이 부족하지 않도록 관리하고 수확 후 병든 잎이나 포기를 처분한다. 발병 전인 4월 하순부터 습도가 높고 비가 올 경우를 대비 하여 예방위주의 기초 살균제를 뿌린다. 건전종자를 선별하고, 소독하여 파종한다. 병에 잘 걸리지 않는 품종을 선택하여 재배한다. 작물의 생육중에 비료가 부족하지 않도록 주의하고, 균형시비를 한다.

03 양파 흑색썩음균핵병

(黑腐菌核病 White rot)

병징 및 발생생태 피해를 입은 양파는 지상부 하위 잎부터 황갈색으로 변하고 심하면 포기 전체가 말라 죽는다. 병원균(*Sclerotium cepivorum*)은 토양 중에서 균핵 형태로 잔존하거나 병든 식물체에서 균사 또는 균핵 형태로 존재하는 토양 전염성 병해로 연작지 재배지에서 피해가 크다.

방제 양파, 마늘, 파 등 파속 작물과의 연작을 피하고 재배 중에 병든 식물체가 보이는 즉시 뽑아 격리된 곳에 버린다. 밭 토양에서 발생이 많으므로 발생 많은 곳에서는 논에서 재배하면 발생을 줄일 수 있다. 마늘과 마찬가지로 답전윤환이나 이모작이 가능한 지역은 벼를 재배하면 큰 피해를 막을 수 있다. 병든 포기는 일찍 제거한다. 농기계에 의한 이병 토양의 유입을 막기 위하여 발생 포장에서 작업한 기계는 깨끗이 세척한다. 인경류채소 이외의 작물과 윤작한다. 토양 소독을 실시하면 효과가 있을 것으로 추정된다.

04 양파 무름병
(軟腐病 Soft rot)

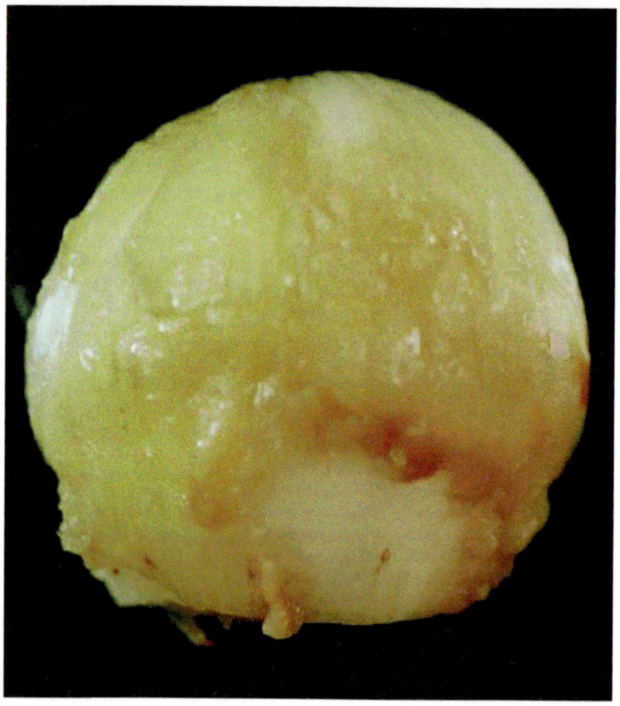

병징 및 발생생태 *Erwinia carotovora* subsp 에 의한 세균병으로 구에서 발생하며 황색 또는 담갈색의 수침상 병무늬가 생긴다. 진전되면 구의 내부 조직이 물러 썩으며 끈적끈적해지고 악취가 난다. 생육기에 감염되면 지상부는 시들고 회백색으로 변해 죽는다. 병원균은 식물체의 잔재 또는 토양 속에서 존재하다가 1차 전염원이 된다. 고자리파리를 위시한 파리목 곤충의 번데기 속에서 월동하여 다음해의 1차 전염원이 되기도 한다. 일반적으로 상처를 통해 침입하여 펙틴분해효소를 분비하여 세포막 중엽의 펙틴질을 분해하고 섬유소 분해효소를 세포막 섬유소를 분해하여 인접한 세포를 파괴함으로서 무름 증상을 나타낸다.

방제 벼과나 콩과작물로 돌려짓기 한다. 이 병원균은 건조에 약하므로 물 빠짐이나 통풍이 잘되도록 토양을 관리한다. 벼과나 콩과 작물로 윤작한다. 이 병원균은 건조에 약하므로 배수와 통풍이 잘되는 밭을 선택한다.

05 양파 누른오갈병

(萎黃病 Yellows dwarf)

병징 및 발생생태 모종에서는 잎 색이 약간 퇴색하고 잎집 부분이 연약해져서 말랑말랑한 느낌이 되고 비늘줄기 부분은 비대해진다. 3월 이후 기온의 상승과 함께 잎은 누렇게 되고 포기는 생장이 억제된다. 때로는 모여 나고 심하게 발병하면 말라죽는다. 병든 포기의 비늘줄기는 세로로 긴 비파열매와 비슷하다. 경증 포기는 드물게 추대(抽苔)하지만 꽃은 기형이 된다. 병든 비늘줄기를 저장하면 수확 후 곧 맹아가 트고 맹아 잎은 누런흰색을 띠며 웃자라 가늘고 긴 잎이 무리지어 만들어 진다.

병원균 파이토플라스마(Phytoplasma)는 많은 식물에 누른오갈증상이나 빗자루증상을 일으킨다. 본 병의 병원은 시호 누른오갈병 등과 마찬가지로 기주범위가 넓고 크기는 긴지름 80~800nm로 공 모양~고르지 않는 타원꼴이다.

전염 꼭지매미충이 매개충이고 이 곤충은 병든 식물을 흡즙해서 2주 정도 지나면 매개능력을 갖게 되고 장기간에 걸쳐 흡즙해서 매개한다. 꼭지매미충은 년 4~5세대를 경과하지만 8월 하순~10월 상순에 발생한 곤충이 양파에서의 매개충으로서 중요하며 포장에서의 보균 잡초가 전염원이 된다.

방제 봄에 파종할 때에는 늦게 파종할수록 발병율이 높은 경향이 있으며, 가을 파종과 비교하면 봄 파종이 발병이 많다. 봄 파종에서는 되도록 일찍 파종하는 것이 좋다. 유묘 단계에서 2차바이러스 전염원이 되는 이병주를 제거한다.

06 양파 오갈병
(萎縮病)

병징 처음에는 잎에 옅은 누런색의 모자이크 증상이 생기고 나중에 줄무늬가 된다. 병징이 심한 포기에서는 잎이 물결모양의 기형을 보인다. 포기는 위축하고 지상부의 생육과 줄기의 비대가 나빠진다. 또, 포기 전체가 누렇게 되고 잎은 가늘어지며 분얼이 생기고 생육이 심하게 나빠지는 것을 볼 수 있다. 병징은 봄과 가을에 뚜렷하지만 여름과 겨울에는 분명하지 않다.

병원바이러스 양파위축바이러스 onion yellow dwarf potyvirus 750~775 × 13nm의 끈 모양 입자다. 잎의 표피를 벗겨서 사프라닌으로 염색하면 표피세포 중에 봉입체(X체)가 보인다. 기주범위는 좁아 석산과 및 백합과의 수선화, 양파, 부추, 염교, 파 등을 감염한다. 바이러스의 내열한계는 60~65℃, 희석한계는 10-3~10-4, 보존한계는 20℃에서 2~3일이다.

전염 복숭아혹진딧물 등 수십 종의 진딧물에 의해 비영속적으로 전반되며 토양전염, 종자전염, 접촉전염은 되지 않는다. 포장에는 끊임없이 파가 재배되고 있기 때문에 이러한 병든 포기에서 균을 흡즙한 진딧물에 의해서 전반된다.

방제 이 병주는 일찍 제거하고 매개충인 진딧물을 방제한다.

07 양파 잎마름병

(葉枯病 Leaf spot, Leaf blight)

병징 주로 잎몸이나 꽃대에 발생한다. 처음에는 푸른흰색의 작은 점무늬가 생기고 차츰 확대되어 원형, 타원꼴, 방추꼴로 붉은갈색을 띠는 대형 병반이 된다. 병반부와 건전 부분과의 경계는 흐릿하고 주변은 위아래로 길게 누런색으로 변하며 심해지면 환부에서 부러져 늘어지거나 시들어 말라죽는다. 오래된 병반 표면에는 그을음 모양의 곰팡이가 밀생한다.

병원균 *Pleospora herbarum* (Persoon : Fries) Rabenhorst 사상균의 일종으로 자낭균류에 속하며 위자낭각과 분생포자가 생긴다. 위자낭각은 공 모양~찌그러진 공 모양이며 검은색으로 지름 100~500㎛이다, 위자낭각 안에는 작은 수의 자낭이 생기고 8개의 자낭포자를 가지고 있다. 자낭포자는 옅은 누런색~누런갈색으로 타원꼴, 긴달걀꼴, 방추꼴~곤봉꼴이며 크기 26~50×10~20㎛로 가로에 7격막, 세로에 1~3격막이 있고 가운데의 격막부에서 약간 잘록해진다. 분생포자는 *Stemphylium* 형으로 옅은 갈색이나 어두운 갈색이며 타원꼴 또는 공 닮은꼴로 양끝은 둥글고 크기는 27~42×24~30㎛이다. 가로에 3격막, 세로에 1~3격막이 있고 가운데 격막 부분에서 약간 잘록해진다. 표면에 아주 작은 돌기가 있다. 본 병원균의 생육적온은 23~25℃이다.

전염 위자낭각의 형태로 감염줄기와 잎과 함께 월동하고 이로부터 자낭포자를 날려서 전염하지만 첫 발생 후에는 분생포자가 날려서 확산한다. 비가 많이 내리는 경우나 비료부족 등에 의해서 작물이 쇠약해지면 발생이 많아진다.

방제 건전종자를 선별하고, 소독하여 파종한다. 병에 잘 걸리지 않는 품종을 선택하여 재배한다. 작물의 생육중에 비료가 부족하지 않도록 주의하고, 균형시비를 한다.

08 양파 잘록병
(苗立枯病 Damping-off)

병징 발아 직후의 본 잎 1~2잎이 난 무렵에 발생하고 밑둥부가 푸른흰색으로 변해서 무르고 쓰러져 말라죽는다. 잎몸이 마르기도 한다. 다습할 때에는 감염포기의 주된 포기 부근에 갈색 거미줄 모양의 균사가 보인다.

병원균 *Rhizoctonia solani* Kühn 불완전균류에 속하는 사상균으로 각종 작물의 잘록병을 일으키는 병원성이 강한 다범성 균이다. 균사는 격막이 있으며 굵고 처음에는 무색으로 나중에 옅은 갈색으로 변한다. 갈라지는 각도는 직각에 가깝다. 한여름의 폭염 때에는 드물게 담자포자를 만든다. 병원균의 생육적온은 25~30℃이다. 또한 본 균의 완전세대는 담자균류의 *Tanatephorus cucumeris* (Frank) Donk이다.

전염 본 균은 토양중의 비교적 낮은 0~5cm 전후에 가장 많고 토양중의 미분해 유기물위에서 부생적으로 증식하고 조직 안에 두꺼운 벽의 갈색균사 형태로 생존하고 있다. 어린모종에는 쉽게 침입한다.

방제 묘상(苗床)의 토양이 다습(多濕)하지 않도록 주의한다. 병이 심하게 발생한 포장은 백합과 이외의 비기주작물과 돌려짓기를 한다.

09 양파 잿빛곰팡이병

(灰色黴病 Gray mold)

병징 잎몸에 오염된 흰색의 긴 타원꼴~방추꼴로 주변은 흐릿하고 약간 긁힌 것 같은 2mm 안팎의 병반을 만든다. 병반은 아래 잎에 많고 무수하게 만들지만 보통 형성초기의 크기 그대로 멈추고 확대되지 않는다. 말라죽은 잎에는 0.5~1cm 길이의 회갈색 분생포자경이 밀생한다. 또, 옮겨심기 후에 말라죽은 포기가 생기고 지하부 표면에 약간 대형의 균핵과 갈색 균사, 분생포자경이 보인다. 비늘줄기에서는 수확기에 표피위에 지름 1~2cm의 검은갈색으로 오염된 둥근점무늬가 생긴다. 거기에 균핵이 흩어져 나기도 하지만 피해는 표피에 한정된다.

병원균 *Botrytis cinerea* Persoon : Fries 불완전균류에 속하는 사상균으로 분생포자와 표면과 내부 모두에 검은색 균핵을 만든다. 분생포자경은 옅은 갈색~짙은 갈색으로 격막이 있고 나뭇가지 모양으로 분기하며 끝에 무색, 나중에 옅은 잿빛의 단세포로 타원꼴의 분생포자를 많이 만든다. 본 균은 5~30℃에서 생육하고 24℃ 부근이 최적이며 분생포자는 20℃에서 많이 만들어진다.

전염 분생포자로 전염한다. 본 균은 각종 꽃, 열매와 채소, 과수를 감염하는 다범성 균이다. 병원성은 약하고 양파의 녹색 잎에 병반이 만들어져도 균사의 침입은 거의 없다.

방제 이병 잔재물은 신속히 제거하고, 포장을 청결하게 해야 한다. 배수구를 정리하여 물빠짐을 좋게 하고, 포장이 과습 하지 않도록 관리한다. 피복이나 멀칭을 하여 병원균의 비산을 방지한다. 밀식을 피하고, 질소 비료를 과다하게 주지 않도록 주의한다.

10 양파 푸른곰팡이병
(青黴病 Blue mold)

병증상 처음에는 저장중에 뿌리 부분이나 구의 상처부 위에 하얀 균사가 나타나고, 진전되면 구 전체로 퍼진다. 분생포자가 형성되면서 푸른색으로 변하며, 심하면 구 전체가 물러 썩는다.

병원균 *Penicillium* sp. 진균계의 불완전균에 속하며, 분생자경과 분생포자를 형성한다. 병원균의 종에 대한 동정은 아직 이루어지지 않았다. 발병 재배포장에서는 발생하지 않으며, 주로 저장중의 양파에 발생한다. 재배포장에서 묻어 들어온 병원균이 저장중인 양파의 상처부위를 통하여 침입하여 발병되는 것으로 추정된다. 상온 저장시 피해가 매우 크며, 저온 저장할 때에도 간혹 발생한다.

방제 수확시 구에 상처가 나지 않도록 한다. 저장고 내의 환경을 청결히 한다. 가급적 저온저장을 한다.

11 양파 시들음병

(萎黃病 Fusarium basal rot)

병징 입모 중에서는 처음에 잎의 한쪽 혹은 잎 전체가 색이 변하고 시들어 말라죽는다. 뿌리는 퇴색해서 가늘어진다. 비늘줄기는 줄기의 기부나 바깥쪽 1~2장의 잎이 갈색으로 변하고 그 부분에 흰곰팡이가 생긴다. 경증인 것은 지상부의 발육이 나빠지고 잎은 구부러져 있다. 저장한 양파에서의 발병은 경반부에서 시작되어 회갈색으로 변한다. 비늘 잎의 기부에서 물 번진 모양 또는 말라 썩은 모양으로 썩고 외피 2~3장만을 남기고 붕괴되어 없어진다.

병원균 *Fusarium oxysporum* Schie chtendahl : Fries f. sp. *cepae* (Hanzawa) Snyder et Hansen
불완전균류에 속하는 사상균으로 균사와 크고 작은 2형의 분생포자와 후막포자를 만든다. 대형분생포자는 1~3개의 격막이 있고 구부러지거나 또는 서양낫꼴로 크기는 4포의 것에서 15~45 × 2.5~5.0㎛이다. 후막포자는 공 모양이나 다각형이며 12~15㎛의 지름으로 균사의 끝에 생기거나 또는 사슬 모양으로 이어난다.

전염 양파 종자에도 본 병원균은 보균되어 있고 종자전염도 하지만 토양 중에 남아있는 후막포자가 가장 중요한 전염원이다. 모종이 상처를 받으면 발병이 많아진다. 고자리파리 등에 의해 피해를 받으면 발생하기 쉽다.

방제 연작을 피하고, 병 발생이 심한 토양은 5년 이상 돌려짓기를 해야 한다. 석회 시용으로 토양 산도를 높이고(pH 6.5~7.0), 토양선충이나 토양미소동물에 의해 뿌리에 상처가 나지 않도록 한다. 미숙퇴비 시용을 금하고 토양 내 염류 농도가 높지 않게 주의한다.

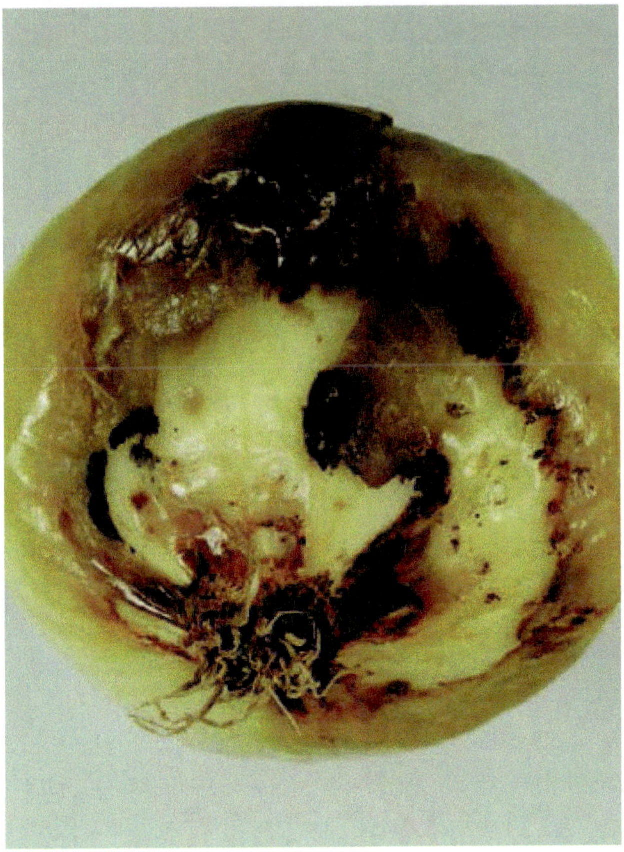

12 양파 깜부기병

(黑穗病 Smut)

병징 어린 모종에서는 1~3잎이 나는 시기에 발생하고 잎 한 장 또는 두 장이 약간 뒤틀린 것 같은 모양이 되는 동시에 부풀며 나중에 잎 안쪽에 검은 가루 모양의 후막포자가 생긴다. 병든 모종은 땅딸막한 모양이 되고 병든 잎은 퇴색해 병반부의 외관은 거무스름해지며 표피가 터져서 후막포자를 노출한다. 병든 모종은 생육이 떨어지고 2~3잎이 나는 시기까지 거의 말라죽는다. 추운 곳에서의 감염이 늦어질 경우는 양파가 비대해지는 시기에 줄기의 기부에 길다란 종기 같은 병반이 생기며 내부에 후막포자를 만든다.

병원균 *Tuburcinia cepulae* Frost 담자균류의 비린깜부기균과에 속하는 사상균으로 후막포자가 생긴다. 후막포자는 공 모양 또는 넓은 타원꼴로 어두운 갈색을 띠고 17~25㎛ 크기로 그 주위는 무색의 공 모양으로 4~8㎛의 주변세포가 많이 둘러싸여 있다. 후막포자는 땅속에서 오랫동안 남아서 12년 정도 병원성을 유지한다.

전염 병원균은 후막포자로서 흙속에 남아있고 종자의 발아 직후부터 약 3주 이내에 떡잎의 기부 등에서 침입한다. 모종이 15cm정도 생장하면 침입하지 않는다. 파종 후 기온이 10~25℃에서 발생하기 쉽고 20℃에서 가장 발병하기 쉽다. 29℃ 이상에서는 전혀 발병하지 않는다.

방제 오염된 토양에서 육묘하지 않도록 한다. 이병 잔재물을 깨끗이 제거한다. 토양 소독을 실시한다. 오염 토양에는 가급적 양파와 파를 재배하지 않도록 한다.

13 양파 검은점무늬마름병

(黒点葉枯病 Black spotted leaf blight)

병징 주로 잎몸에 발생한다. 잎몸 중간 부분이나 끝 부분에 흰회색으로 부정형 점무늬가 생기지만 나중에 급속히 확대되어 긴 타원꼴~부정형 대형 병반이 된다.
이 때문에 병반부가 잘록해져 잎몸이 뒤틀리거나 심한 때는 잎몸 끝까지 시들고 늘어져 말라죽는다. 병반이 오래되면 표면에 작고 검은 점(병자각)을 여기저기에 만든다.

병원균 *Septoria alliacea* Cooke 사상균의 일종으로 불완전균류에 속하며 병반의 병자각에 분생포자(병포자)를 가지고 있다. 병자각은 어두운 갈색~검은색으로 공 모양~공 닮은꼴이며 지름 80~141㎛로 표피조직 안에 묻혀서 생긴다. 분생포자는 무색의 긴 곤봉꼴 또는 원통꼴로 양끝은 약간 뾰족하고 대부분은 4세포로 크기 12.2~31.4×2.6~3.8㎛이다. 균사의 생육온도는 8~34℃, 적정온도는 18~20℃이다. 분생포자의 발아적온은 18~20℃이다.

전염 감염식물 잔재물의 병자각이나 감염잎 조직 내 균사의 형태로 월동해서 전염원이 되고 비가 올 때 빗방울이나 진흙이 섞인 물보라와 함께 날려서 확산되는 것으로 보인다. 가을파종 재배에서는 육묘말기와 봄의 기상이 저온으로 습도가 높은 경우에 발생이 많고 질소비료의 과다시비는 발병을 조장한다.

방제 이병 잔재물을 일찍 제거한다. 질소질 비료의 과용을 피한다. 저온 다습한 상태에서 많이 발생하므로 과습하지 않도록 관리한다.

14 양파 검은곰팡이병

(黑黴病 Black mold)

병징 저장 중인 양파의 표면에 처음에는 갈색~검은색의 점무늬가 생기고 차츰 커져서 양파의 내부에 들어가 비늘줄기를 오염시킨다. 일반적으로 본 병은 비늘줄기의 바깥층부터 1~2층에 많고 내부 비늘조각의 피해는 적다. 이것의 원인은 내부 비늘조각으로 본 균에 대해서 저항성인 것에 유래한다.

병원균 *Aspergillus niger* van Tieghem 불완전균류에 속하는 사상균이며 검은색 타원꼴로 주위에 가시가 있는 분생포자가 생긴다. 분생포자의 크기는 3.78~4.41㎛, 보통 4.2㎛의 지름이다. 각종 배지에서 잘 생육하고 30~40℃가 알맞은 온도이다. 35℃에서 균사의 생육과 포자형성이 최고를 보이는 고온성 균이다. 45℃에서는 거의 생육하지 않는다.

전염 본 균은 양파종자에 10~15%정도 보균되어 있으며 발아와 입묘율을 저하시킨다. 작은 모종도 본 균을 보균하고 있으며 생육 중에는 줄기의 기부나 말라죽은 뿌리 등에서 부생적인 생활을 한다. 또, 모판이나 본포에서 토양을 통해서도 전염한다. 그러나 수확과 저장 양파에서는 수확 때의 잎집 절단부분에서의 침입이 많고, 이어서 경반부에서의 침입이 많다. 본 병은 수확 후 비늘줄기의 머리 부분의 건조를 촉진시키기 때문에 비닐하우스에서의 큐어링을 하면 온도가 높아지기 때문에 많이 발생하기 쉽다.

방제 수확 시 구에 상처가 나지 않도록 하며 저장고 내의 환경을 철저히 한다.

15 양파 잿빛썩음병

(灰色腐敗病 Gray-mold neck rot)

병징 생육기에 아래 잎에서 2~3장 째 잎이 변색하고 물러 늘어진다. 밑둥부 아래의 둥근 부분은 붉은갈색으로 변하고 잿빛가루 모양의 균총이 생기며 분생포자를 매우 많이 만든다. 피해가 심한 경우는 선 채로 마르는 증상을 보이고 말라죽는다. 냉장 중에서의 피해 비늘줄기는 모양이 약간 세로로 길어지고 어깨 부분의 표면에 고르지 않은 대형의 검은색 균핵이 연이어서 생긴다. 균핵 위와 그 주변의 외피 위나 외피의 사이에는 융털꼴로 잿빛의 짧은 곰팡이가 조밀하게 만들어지며 분생포자를 매우 많이 만든다.

병원균 *Botrytis allii* Munn 불완전 균에 속하며 격막이 있는 균사와 분생포자경, 대형분생포자(Botrytis 형), 소형분생포자와 검은갈색으로 표면이 거친 균핵을 만든다. 본 균은 5~30℃에서 생육하고 25℃에서 가장 잘 생육한다. 분생포자 형성은 25℃ 전후가 최적이다. 사멸온도는 분생포자 46℃, 균핵 53℃로 각 10분이다.

전염 가을에 발병한 저장 양파위의 분생포자(대형)가 포장에 날아 흩어져서 병에 걸린다. 재배포장 근처에 양파 잔재물이나 병든 양파를 방치하면 200m 이내에 분생포자의 비산에 의해 많이 발생하기 쉽다. 수확 때에는 잎집 부분에서의 감염이 많다.

방제 배수구를 정리하여 과습하지 않도록 관리하며 밀식을 피하고 균형시비한다.

16 양파 좀균핵썩음병

(小菌核腐敗病 Small sclerotial neck rot)

병징 못자리 말기~본포의 생육기(늦가을~봄)까지 발생이 많고 주로 잎마름 증상을 일으킨다. 잎몸 위의 병반은 처음에는 원형이지만 차츰 약간 흐릿한 긴 타원꼴~방추꼴의 오염된 흰색 점무늬로 확대하고 나중에 주변이 뚜렷한 흰색~더러운 흰색의 점무늬가 된다. 보통 크기는 2~3mm 안팎이지만 비가 많이 내리고 적당한 온도가 되는 시기에는 2~3cm의 대형 병반을 만드는 경우도 있다. 잎몸에 수많은 병반을 만들면 급격히 시들어 말라죽고 나중에 거기에 분생포자가 생긴다. 정식 후에 포기의 말라 죽음을 일으키지만 지하부의 표면에 검은색의 작은 균핵이나 포자가 생긴다. 저장 뿌리줄기(근경)에서는 외피에 작은 균핵이 흩어져나지만 피해는 외피로 한정된다.

병원균 *Botrytis squamosa* Walker 사상균의 일종인 불완전균류로 격막이 있는 균사, 균핵, 분생포자가 생긴다. 분생포자의 크기는 13.7~25×8~17.5㎛이다. 균사는 5~30℃에서 발육하고 포자형성은 15℃ 부근이 알맞은 온도이다.

전염 종자전염도 생각되지만 저장양파의 잎집 부분이나 외피에 만들어진 작은 균핵, 가을에 외피에 분생포자가 생기며 이것이 전염원이 된다.

방제 우점병해는 아니지만 해마다 발생하는 포장에서는 병걸린 잔재물을 제거하고 백합과 이외의 작물과 돌려짓기한다.

17 양파 탄저병

(炭疽病 Smudge)

병징 *C. circinans* 에 의한 병징 : 비늘줄기에 발병한다. 처음에는 바깥쪽의 비늘조각 또는 목의 아래쪽에 어두운 녹색~검은색으로 고르지 않는 둥근 병반이 생기며 드물게 둥근무늬가 된다. 어린 비늘조각에서는 누런색의 함몰한 작은 점무늬가 생긴다. 일반적으로 흰색종이 발병하기 쉽다. *Physalospora* sp.에 의한 병징 : 채종용 양파의 꽃대와 꽃자루 및 작은 꽃에 생긴다. 꽃대에서는 꽃차례의 바로 아래에서 약 10cm까지 감염되고 꽃자루 및 작은 꽃에서는 전체에 감염된다. 꽃대에서는 처음에 회녹색으로 방추꼴의 점무늬가 생기고 이어서 누런색~회갈색으로 변하고 건전 부분과는 뚜렷한 경계를 이루고 약간 패인 병반이 생긴다. 그러나 꽃자루나 작은 꽃에서는 경계가 뚜렷하지 않다. 병반부에는 검은갈색의 작은 점이 많이 생기지만 완전세대는 꽃대에만 보이고 병이 진전되면 꽃자루의 탈락이 심해진다.

병원균 (1) *Colletotrichum circinans* (Berkeley) Voglino, (2)*Physalospora* sp. *C. circinans*은 사상균의 일종으로 불완전균류에 속한다. 분생포자퇴위에 분생포자와 강모가 생긴다. 분생포자는 무색 단세포의 타원꼴~방추꼴로 약간 한쪽으로 구부러지고 크기는 14~30 × 3~6㎛이다. 균의 생육적온은 20~26℃, 최저 4℃, 최고 34℃이다. 발병적온은 26℃이다. *Physalospora* sp는 사상균의 일종으로 자낭균류에 속한다. 불완전세대는 *Colletotrichum* 이고 분생포자퇴위에 분생포자와 강모가 생긴다. 분생포자는 무색 단세포의 타원꼴로 크기는 7.5~27.5 × 3.8~7.5㎛이지만 전자처럼 초승달 모양의 포자는 보이지 않는다. 자낭각은 검은갈색의 플라스크 모양 혹은 타원꼴로 크기는 50~200 × 90~240㎛이다. 자낭각 중의 자낭은 8개의 자낭포자를 만든다. 자낭포자는 무색 단세포의 긴달걀꼴 또는 타원꼴로 크기는 10~15 × 3.8~5.0㎛이다. 균의 생육적온은 25~30℃, 최저 5℃, 최고 35℃이다.

전염 비늘줄기나 꽃대 등의 잔재물에 붙어서 월동하고 전염한다. 종자전염도 한다. 탄저병균의 분생포자는 점액질로 덮여 있어 바람만으로는 분산되지 않고 비바람에 의해서 분산되어 전염한다.

18 양파 분홍빛뿌리썩음병

(紅色根腐病 Pink root rot)

병징 육묘 중부터 수확기까지 뿌리가 붉은색으로 변한다. 증상이 가벼운 것은 뿌리의 표면이 색이 약간 변하지만 중증의 것은 붉은색으로 변한 표피만을 남기고 속이 빈다.

병원균 *Pyrenochaeta terrestris* (Hansen) Gorenz, Walker et Larson 사상균의 일종으로 불완전균류에 속하고 병자각 안에 분생포자(병포자)를 만든다. 병자각은 공 모양으로 부리(beak) 모양에 돌기한 목이 있고 윗부분과 목에 강모가 있다. 색은 검은갈색이며 지름 200~350㎛이다. 강모는 강직하고 앞을 향해 가늘어지고, 두꺼운 벽으로 매끄럽고 2~4개의 격막이 있다. 색은 어두운 갈색으로 끝은 옅은 누런갈색이다. 길이는 100~150㎛, 폭 4~10㎛이다. 분생포자는 긴 타원꼴, 원통꼴, 포탄꼴(砲彈形), 소시지꼴로 매끄럽고 무색의 단세포로 크기는 5~7 × 1.8~2.2㎛이다. 맥아한천사면배지에서는 균총의 발육이 좋고 기중균사는 솜털꼴로 붉은 회갈색~갈색을 띤다. 배지뒷면은 검은갈색이지만 종종 붉은자주색을 띤다.

전염 병원균은 밭 토양 중에 남아 양파를 계속 재배한 밭에 많이 생긴다. 논 재배에서는 일반적으로 발생하지 않지만 밭에서 육묘 중에 감염되면 발병할 수도 있다.

방제 상습발병지에서는 백합과 채소 이외의 작물과 돌려짓기하거나 논 재배를 한다.

19 양파 세균점무늬병

(斑点細菌病 Bacterial leaf spot)

병징 주로 잎몸과 꽃대에 발생한다. 처음에는 타원꼴~방추꼴로 흰회색의 괴사점무늬가 보이며 주위가 어두운 녹색으로 물 번진 모양의 병반이 생기고 나중에 확대되어 7×4mm 안팎으로 눈(眼) 모양의 점무늬가 된다. 다습할 때의 병반 표면은 물 번진 모양을 보이고 균점액(ooze)이 넘쳐흐른다. 작은 병반이 많이 생기면 합쳐져서 대형 병반이 되고 조직이 파괴되기 때문에 잎몸과 꽃대는 환부에서 비틀려 기형이 되며 심한 경우는 시들어 말라죽는다.

병원균 *Pseudomonas syringae* pv. *syringae* van Hall 1902 *Pseudemonas*속 세균의 일종으로 크기 1.5~2.3×0.6~1.2㎛의 짧은 막대모양으로 극모 1~몇 개가 있다. 그람음성의 호기성균으로 생장적온은 22~23℃, 최저 2℃, 최고 33℃이다. 기생은 양파와 파에 한정되고 다른 채소류에는 보이지 않는다.

전염 감염줄기와 잎의 잔재물과 함께 토양에서 월동하고 나중에 폭풍을 동반한 비나 농작업에 의한 기계적인 상해 부분 및 파총채벌레가 먹은 자국 등으로 침입해서 발병한다. 또, 첫 발병 후에는 병환부에서 넘쳐흐른 균점액(ooze)이 강풍을 동반한 비에 의해서 주변에 비산해 확산된다. 가을파종 재배형 양파에서는 봄철의 저온으로 습도가 높을 때 발생이 많다.

방제 이병 잔재물을 제거 소각한다. 작업 시 식물체에 상처가 나지 않도록 주의한다.

20 양파 역병
(疫病)

병징 주로 잎몸과 잎집에 발생한다. 어린 모종기에는 밑둥의 잎집 부분이나 잎몸에 회녹색~흰회색의 점무늬가 생기며 병반의 확대에 따라서 환부가 잘록해지며 잎몸이 꺾여 구부러지고 마침내는 포기 전체에 이르고 쓰러져 말라죽는다. 생육 후기에는 잎몸 기부근처에 푸른흰색으로 물 번진 모양의 점무늬가 생기고 즉시 확대되어 방추꼴~불규칙한 모양으로 윤곽이 비교적 뚜렷한 대형 병반이 된다. 습도가 높을 때에는 환부 표면에 흰솜털꼴의 곰팡이가 얇게 확산된다.

병원균 *Phytophthora nicotianae* van Breda de Haan var. *nicotianae* 색조류계(Kingdom Chromista)의 일종으로 난균류에 속하며 유주포자낭, 후막포자, 난포자가 생긴다. 유주포자낭은 달걀꼴로 유두돌기는 뚜렷하고 크기 36~56×24~48(평균 47.9×35.4)μm이다. 후막포자는 공 모양으로 지름 15~30(평균 26.0)μm. 장란기는 지름 21~27(평균 23.9)μm의 옅은 누런색 공 모양으로 지름 18~22μm(평균 20)μm의 난포자를 가지고 있다. 장정기는 공 모양으로 10~14×8~16(평균 11.6×12.0)μm이며 장란기에 1개가 바닥에 붙는다. 균사의 생육온도는 최저 10℃ 이하, 최고 38℃로 그 적온은 27℃ 부근이다. 본 병원균은 양파 외에도 가지과 식물을 비롯한 많은 식물을 기주로 하고 20℃ 이상의 비교적 높은 온도에서 많은 비가 내릴 때 발생이 많다.

전염 병든 곳에 이어짓기하면 많이 발생하기 때문에 감염줄기나 잎의 잔재물과 함께 난포자의 형태로 토양 중에 남아서 전염원이 되는 것으로 생각된다. 습지역에 발생이 많다. 같은 포장에서도 물이 고이기 쉬운 곳에서 많이 생긴다. 질소 비료를 과다하게 주면 발병을 촉진하는 경향이 강하다.

21 양파 녹병

(銹病 Rust)

병징 잎과 꽃대에 발생한다. 처음에는 그 표면에 푸르고 흰 작은 점무늬가 생기며 타원꼴 또는 방추꼴의 병반이 된다. 그 가운데에 원형의 붉은갈색으로 부풀어 오름이 생기고 마침내 표피는 찢어져서 붉은기 도는 누런색의 가루(여름포자)를 날려 보낸다. 이 병반에 접해서 어두운 갈색~검은색으로 원형~타원꼴 혹은 부정형 겨울포자퇴가 표피 밑에 생긴다. 겨울포자퇴는 길게 표피에 덮여 있다.

병원균 *Puccinia allii* (de Candolle) Rudolphi 사상균의 일종으로 담자균류, 녹균목 병생녹균과에 속한다. 여름포자와 겨울포자가 생긴다. 여름포자는 단세포의 공 모양 또는 타원꼴로 크기는 27~32×20~26㎛이며 붉은기 도는 누런색으로 표면에 가는 가시가 있다. 겨울포자는 보통 2세포로 크기는 37~62×15~23㎛이다. 본 균은 기생성으로 분화형이 보이며 파, 양파, 마늘을 감염하는 계통(형)과 부추형, 염교형의 3종류 분화형이 알려져 있다. 순활물기생균으로 인공배양은 되지 않는다.

전염 월동은 겨울포자에 의한다. 여름포자에 의해서 2차 발생을 반복한다. 양파는 본 병에 대해 일반적으로 저항성이며 크게 발생하는 것은 없다. 파에 기생하는 균은 파와 양파에 기생성이 강하기 때문에 병든 파에서의 감염이 일어난다.

방제 병든 식물체는 일찍 제거하고 이병 잔재물이 남지 않도록 하며 균형시비를 하여 후기 생육을 좋게 한다.

22 양파 흰역병
(白色疫病)

병징 주로 잎에 발생한다. 처음에는 가운데 부근에 불규칙한 모양으로 가장자리가 약간 흐릿한 크기 1~3cm의 어두운 녹색으로 물 번진 모양의 병반이 생긴다. 나중에 확대되어 물 번진 모양의 푸른흰색 병반이 되고 병반부에서 구부러져서 잎은 늘어지고 종이를 가늘게 꼰 모양으로 먼저 마른다. 병반이 오래되면 흰색~흰회색이 되고 건전 부분과의 경계는 뚜렷하다. 병반부의 잎 안쪽에 균총은 보이지 않는다.

병원균 *Phytophthora porri* Foister 색조류계(Kingdom Chromista)의 일종으로 난균류에 속한다. 균사는 무색으로 격막이 없고 폭 3~9㎛의 크기이다. 번식기관으로서 유주포자낭, 후막포자, 난포자 및 유주포자를 만든다. 운동성 유주포자낭은 달걀꼴~레몬꼴로 뚜렷한 유두돌기가 있고 크기 24~60 × 18~36㎛로 간접발아해서 유주포자를 방출한다. 후막포자는 공 모양으로 크기 20~24㎛, 난포자는 공 모양이며 26~34㎛로 누런색~어두운 갈색이다. 균사의 생육온도는 최소 5℃, 적정온도 15~20℃, 최고 28℃이다. 사멸온도는 45℃에서 10분간이다.

전염 균사와 난포자 및 후막포자가 땅속이나 감염식물에서 여름과 겨울을 넘기고 좋은 환경에서 발아해 기주에 침입한다. 세균의 확산에는 빗방울과 물이 큰 역할을 한다.

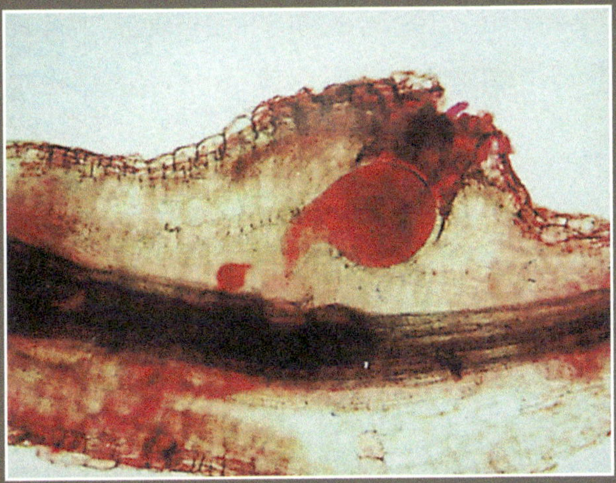

백합과채소 해충

[Insect pests]

01 감자썩이선충

(*Ditylenchus destructor* Thone)

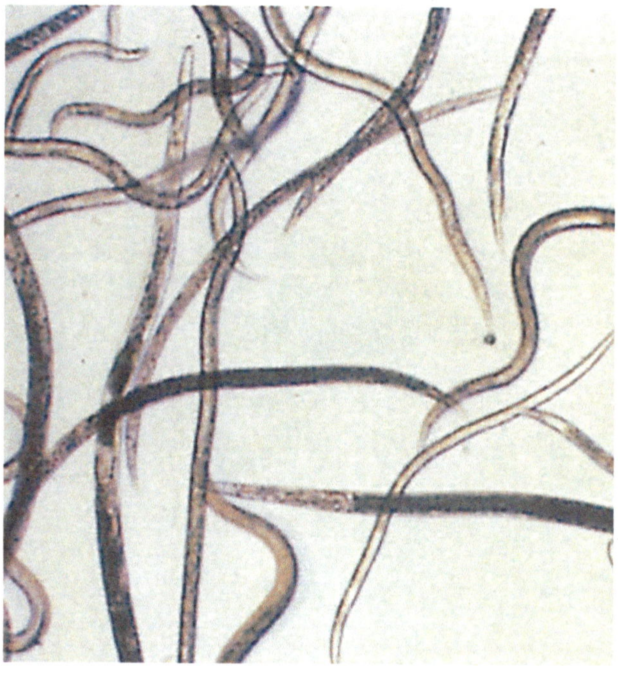

▲ 감자썩이선충

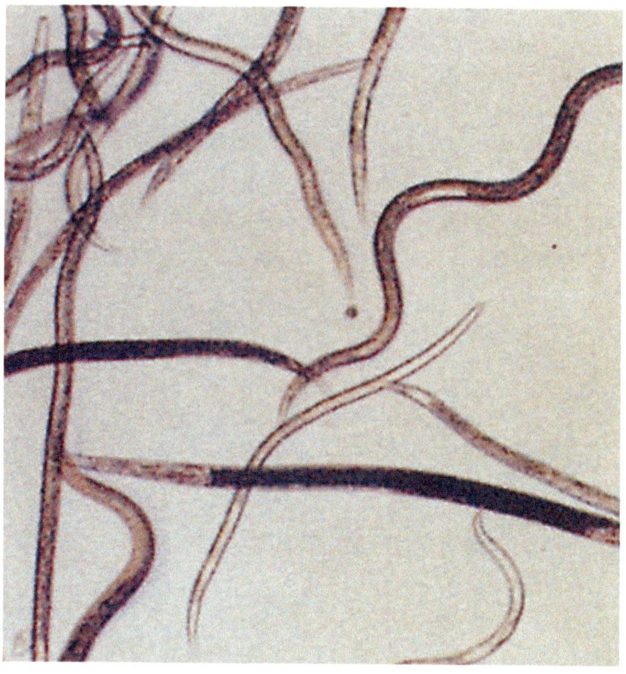

▲ 감자썩이선충

형태 씨알선충과에 속하며 이동성인 내부기생성 선충이다. 성충과 유충 모두 몸은 거의 투명하고 가늘고 긴 실모양이다. 성충은 길이가 0.8~1.4mm이다, 마늘줄기선충과 유사하다. 옆 띠에 있는 옆선은 6개이다. 머리의 앞 가장자리는 편평하며, 입술부위는 뚜렷한 체환이 없다. 구침은 10~14㎛로 절구는 둥글고 작다. 식도샘 뒷부분은 등쪽으로 뻗어 장과 중첩된다. 암컷성충의 생식샘은 잘 발달되고, 수정낭은 둥글다. 음문은 몸의 앞쪽에서 4/5에 위치한다. 꼬리부분은 긴 삼각형으로 끝은 뾰족하지 않고 다소 둥그스름하다. 수컷성충은 꼬리 끝 가까이에 교접가시가 있고, 꼬리날개가 다소 발달한다.

가해 및 발생생태 각 영기의 유충 및 암컷성충이 구경에 기생하여 피해를 준다. 선충이 발생한 포장에 정식한 경우 2주 후에는 토양 중에서 구경에 침입하여 증식을 시작한다. 선충의 기생을 받는 월동 직전부터 직후에 걸쳐 생육 초기에 잎의 비틀림 등 기형이 보이며, 점차 고사한다. 수확기에는 1개의 구경당 선충수가 2~3만 마리에 달한다. 또한 구경 내부의 어린 싹이나 경반부, 발근부가 부패하면 발아하지 않는 것이 많게 된다. 본 종이 발생한 포장에서 생산된 구경은 외견상 건전한 것도 기생을 받은 경우가 많다.

방제 연작을 피하고 땅에 식물체의 잔재가 없도록 한다. 종구를 25℃의 물에 2시간 담갔다가 49℃의 온탕에 20분간 담가 소독하면 효과적이다.

02 줄기구근선충

(*Ditylenchus dipsaci* Kuhrr)

▲ 피해받은 포장

형태 참선충목 참선충과에 속하는 선충으로 암수 모두 실모양으로 생겼으며 암컷의 길이가 1.0~1.5mm 정도로 비교적 큰 선충이다. 애벌레는0.3~0.5mm이다.

가해 및 발생생태 기주범위가 넓어 450여종의 식물에 기생하며 특히 마늘, 양파, 수선, 튜립, 히야신스 등 구근류에 피해가 심하다. 선충이 인경부에 침입하면 지상부 생육과 인경의 발육이 나빠진다. 인경의 저장 중에 피해를 주기도 한다. 습기가 많은 사질토에서 잘 번식하고 비가 올 때 활동이 많으므로 피해가 심하다. 4령 유충으로 껍질사이에서 월동하거나 후면한다. 암컷 성충은 1개월 동안 200~500개의 알을 낳는다. 1세대 경과기간은 15℃에서 20~25일이며 서늘하고 다습한 조건에서 식물체에 침입이 잘되며 선충의 증식이 왕성하다.

방제 백합과 채소의 연작을 피하고 식물체의 잔재가 없도록 한다. 종구를 25℃의 물에 2시간 담갔다가 49℃의 온탕에 20분 침지처리 하는 것이 효과적이다.

03 뿌리혹선충류
(*Meloidogyne* spp.)

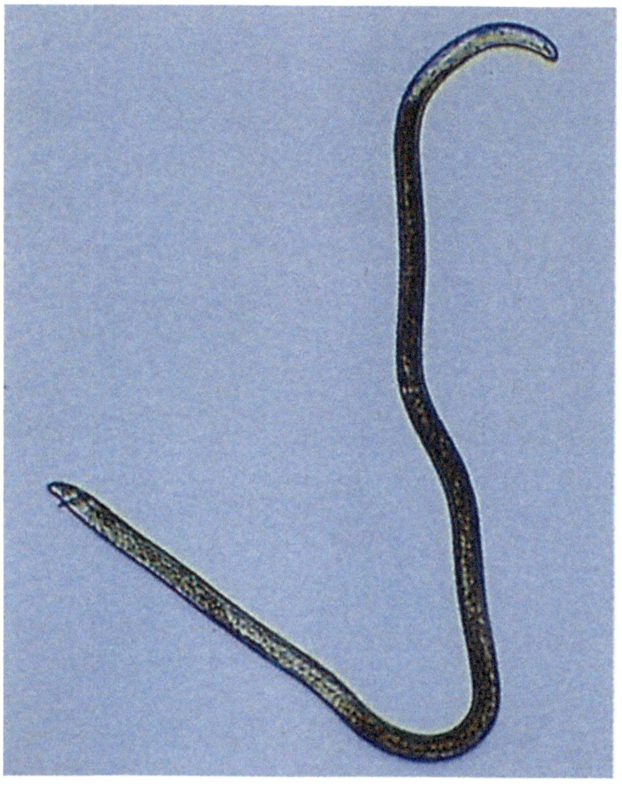
▲ 뿌리혹선충류 수컷성충

▲ 뿌리혹선충류 암컷성충

형태 뿌리혹선충과. 정착성인 내부기생성 선충이다. 암컷성충은 몸길이가 0.5~1mm의 서양배 모양이다. 뿌리 내부에 정착하여 기생생활을 하며 뿌리에 혹을 형성한다.

피해와 생태 고구마, 토마토, 수박, 오이, 참외 등 식물 300여 종의 뿌리에 혹을 만들고 그 속에서 생활하므로 양분과 수분의 정상적인 흡수가 저해되어 식물 생장이 부진하고, 시들거나 일찍 말라죽는다. 마뿌리혹선충과 당근뿌리혹선충은 모두 파, 양파에 기생하여 잘 증식한다.

방제 파종 3~4주 전에 토양에 훈증제를 처리하고 비닐로 덮거나 물을 뿌린 뒤 5~7일간 밀봉시켜 선충을 죽인 다음, 땅을 갈아엎어 토양 내 가스를 제거한다. 여름철에 작물이 없는 비닐하우스에서는 밀폐된 비닐터널을 만들고 하우스문을 닫아 태양열을 이용하여 내부 온도를 4주 정도 높여 주면 토양 온도가 40℃ 이상 상승하여 뿌리혹선충과 토양병균을 동시에 죽일 수 있다. 노지에서는 상토용 비닐에 10~15cm 두께로 흙을 넣고 10~15일간 햇볕에 방치 하여 소독해도 효과적이다. 벼를 재배할 수 있는 밭에는 1~2년간 벼를 재배하거나, 여름철에는 논농사를, 가을 이후에는 채소를 재배하면 뿌리혹선충의 피해를 회피할 수 있고, 밭에 객토를 하여 선충 발생을 떨어뜨리기도 한다. 지중가온시설이 설치된 농가에서는 담수처리할 경우 지온 40℃로 5일간 가온하면 뿌리혹선충을 방제할 수 있었으며, 무담수 처리의 경우 지온 50℃로 5일간 가온하면 방제가 가능하다.

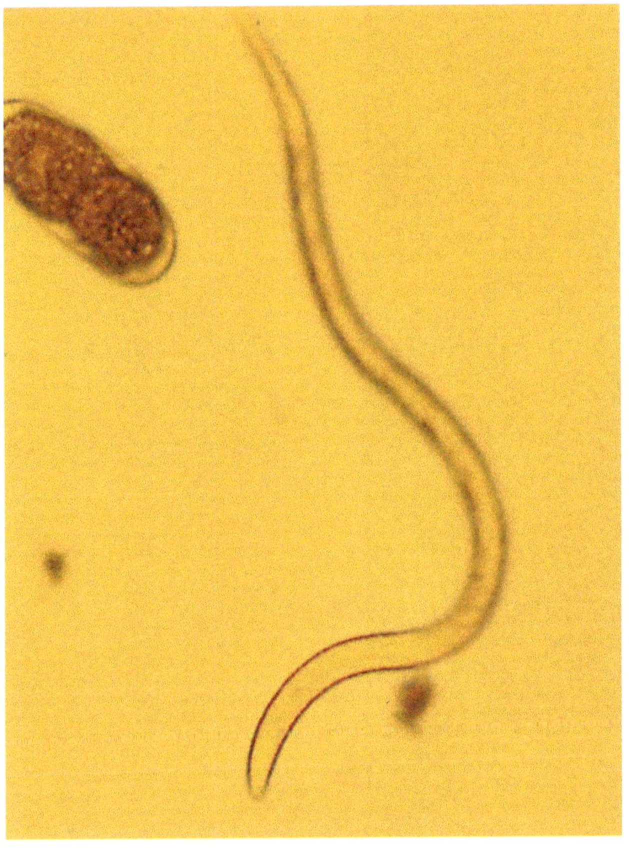

▲ 뿌리혹선충류 일종(알과 2기 유충)

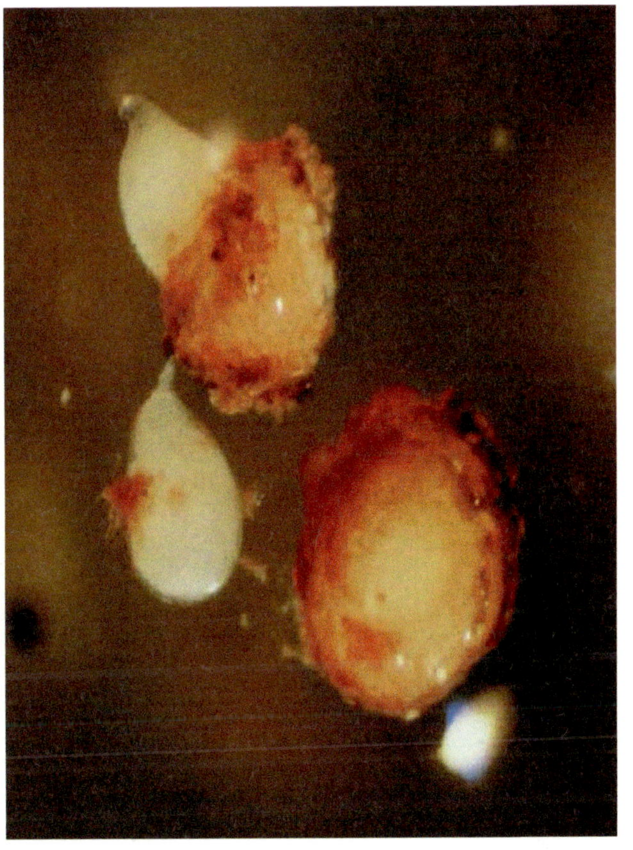

▲ 뿌리혹선충류의 암컷성충과 알주머니(난낭)

▲ 뿌리혹선충류의 피해흔적(뿌리)

▲ 가는뿌리에 만든 혹(gall)

04 민달팽이

(*Incilaria confusa* Cockarell)

▲ 민달팽이 성충

▲ 민달팽이 성충

형태 성충은 약 60mm이며 보통 담갈색을 띠나 변이가 많다. 등면에 3개의 흑갈색 세로줄이 있으며 양측에 2개의 세로줄이 뚜렷하다. 알은 투명한 계란형으로 여러 개가 목 걸이처럼 연결되어 있는 경우가 많다.

피해 광식성으로 흐린 날 또는 밤, 새벽에 작물의 지상부를 폭식한다. 몸 표면에 끈끈한 액을 분비하며 이동하므로 피해부위는 분비액과 함께 지지분한 부정형의 구멍이 많이 뚫린다. 피해가 심한 잎은 엽맥만 남아 거친 그물모양이 된다. 온실에서는 연중 피해가 심하다.

생태 연 1회 발생하며, 흙덩이 사이나 낙엽 밑의 습기 많은 곳에서 성체로 월동하다가 이듬해 3월경에 활동을 시작하여 6월까지 작은 가지나 잡초에 30~40개의 난괴로 산란한다. 부화한 어린 것은 가을에 성체가 되며, 낮에는 주로 하우스 내의 어두운 곳, 화분 밑이나 멀칭한 비닐 밑에서 숨어 있다가 밤에 나와 가해한다.

방제 발생이 많은 곳에서는 은신처가 되는 작물, 잡초 등을 제거하고 토양 표면을 건조하게 유지하는 것이 좋다. 민간요법으로 맥주를 컵에 담아 땅 표면과 일치되게 묻으면 달팽이들이 유인되어 빠져 죽는다. 오이를 썰어 시설 내 지표면에 깔아 두었다가 유인된 달팽이를 모아서 죽일 수도 있다.

05 명주달팽이

(*Acusta despecta* Grey)

▲ 달팽이 성패

▲ 달팽이 성패

형태 어린 개체의 껍질은 3~4층이며, 껍질 직경은 0.7~0.8mm이다. 성체는 5층에 껍질 직경은 20mm 정도이며, 얇아서 누르면 쉽게 부서진다. 껍질 색깔은 담황색 바탕에 흑갈색 무늬를 띠는 개체가 많으나 지역, 시기에 따라 변이가 크다. 알은 2mm 정도의 구형이며 유백색을 띤다.

피해 봄과 가을에 피해가 크고, 발아 후의 유묘기에 대발생 하면 피해가 크기 때문에 주의해야 한다. 식물이 성장하면 어린잎과 꽃을 식해하며, 피해증상은 나비목 해충의 유충 피해와 비슷하나 달팽이가 지나간 자리에 점액이 말라붙어 있어 햇빛에 하얗게 반사되는 점으로 구별할 수 있다. 낮에는 지제부나 땅 속에 잠복하다가 주로 야간에 식물체의 잎과 꽃을 가해하나, 흐린 날에는 주야를 가리지 않는다.

생태 연 1회 발생하는 것이 일반적이지만 간혹 2회 발생하기도 한다. 겨울에는 성체 또는 유체로 몸체를 껍질 안에 집어넣고 땅 속에 반 매몰된 상태로 월동한다. 3~4월경부터 활동하기 시작하며, 성체는 자웅동체로서 4월경부터 교미에 의해 정자낭을 교환한다. 교미 약 7일 후부터 2~3cm 깊이의 습한 토양에 3~5개씩 산란하며, 1마리당 100개 내외의 알을 낳는다. 알은 15~20일만에 부화하며, 부화한 어린 달팽이는 가을까지 식해한다.

방제 토양 중에 석회가 결핍되면 달팽이 발생이 많으므로 석회를 사용한다. 온실 내의 채광과 통풍을 조절하여 습기를 줄여 발생을 억제하며, 발생이 많을 때에는 유인제를 이용하여 유살한다.

06 마늘혹응애
(*Aceria tulipae* Keifer)

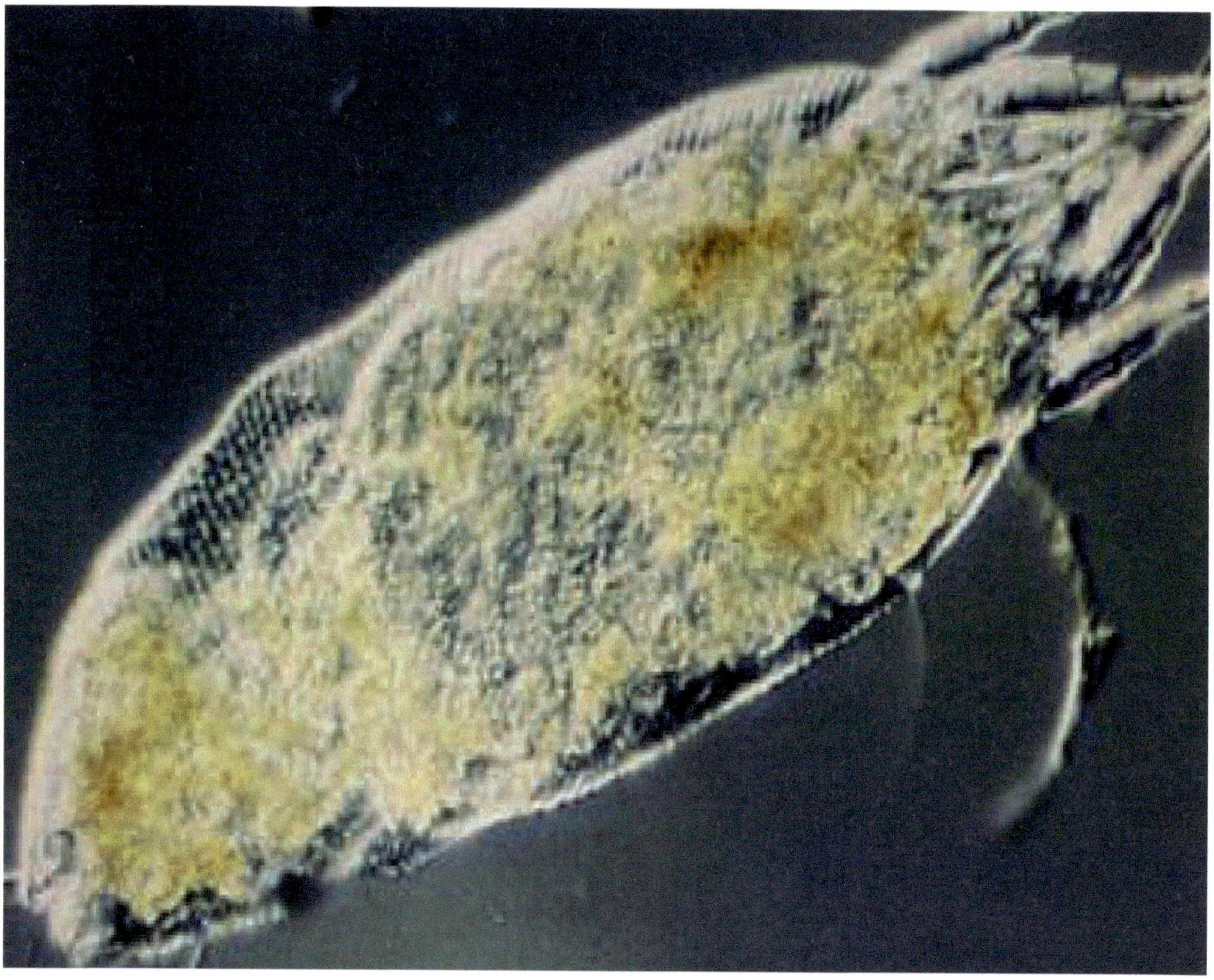

▲ 마늘혹응애 성충

형태 혹응애과. 작은 응애로 암컷성충은 몸길이가 0.25mm 내외이고, 옅은 황색을 띤다. 다리는 2쌍으로 몸 전반부에 있다. 실체현미경 하에서 수컷이 암컷보다 다소 작은 것 외에는 형태적으로 거의 구별할 수 없다.

피해와 생태 양파와 마늘에서는 잎과 인경에 기생한다. 마늘의 구경(인경)이 가해받으면 표면이 옅은 황색~황갈색으로 변색되고, 광택이 없어진다. 기생된 인경을 심으면, 그로부터 나온 잎이 모자이크증상을 띠며, 잎이 비틀린다. 심한 경우에는 부패하고 고사한다. 본 종은 직접적인 피해 외에 마늘에서 응애전염 모자이크바이러스(GMbMV)를 매개하는 것으로 밝혀졌다. 이것 외에 양파에 OMbLV, 셜롯에 SMbLV 등의 바이러스를 매개하는 것이 알려져 있다. 정식(9~10월) 후에는 많이 기생하는 인경에도 개체수는 급감한다.

방제 공동 훈증시설을 마련하여 방제하는 것이 바람직하다.

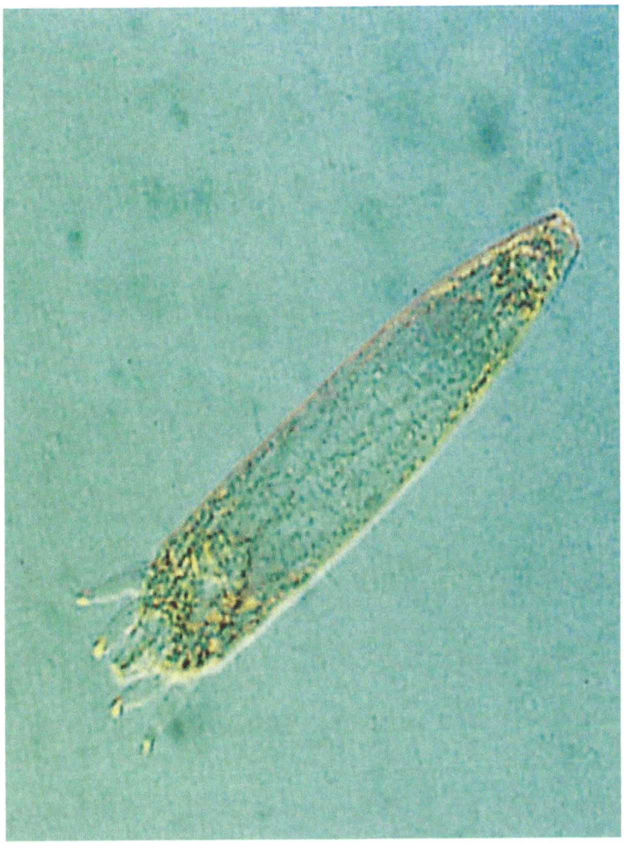

▲ 마늘혹응애 성충

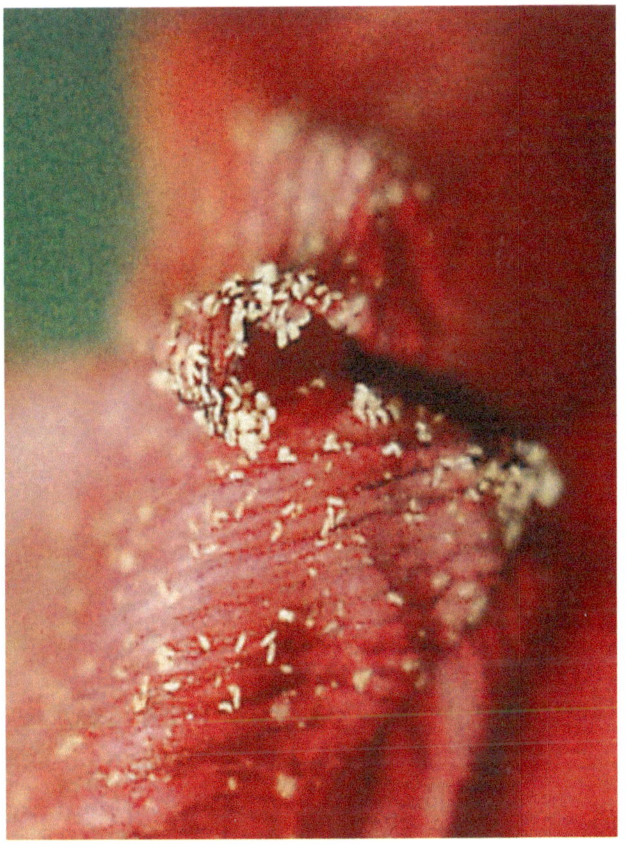

▲ 마늘혹응애의 기생상황

▲ 잎의 피해

▲ 마늘 인편

07 뿌리응애

(*Rhizoglyphus robini* Claparéde)

▲ 뿌리응애 성충, 유충과 알

형태 응애목 가루응애과에 속하며, 유백색의 반 투명한 좁쌀이나 서양배 모양의 작은 응애로 입들과 다리는 갈색이다. 성충이 0.6~0.7mm로 작아 발생밀도가 적을 때는 육안 식별이 어렵다.

가해 및 발생생태 기주범위가 넓어 마늘, 파, 양파, 등 인경채소류와 구근화훼류의 뿌리를 가해하여 큰 피해를 준다. 피해는 땅속 기부에 무리지어 살며 가해하므로 뿌리가 떨어지고 구내부까지 부패하므로 피해주는 쉽게 뽑히게 된다. 연 수 십회 발생하며 피해 조직 내 혹은 땅속에서 성충 또는 약충으로 월동한다. 유기질이 풍부한 산성의 모레땅에 발생하기 쉽고 봄기운 상승과 함께 급격히 밀도가 증식되어 6~7월에 최고의 밀도를 이룬다.

방제 상습 발생지는 파류의 연작을 피하고 건전한 구를 정식하며 석회사용으로 산도를 조정해 준다. 건전 종구 선택, 종구 소독, 토양 소독 등이 있다. 건전한 종구를 심거나 재배토양에 미숙퇴구비를 사용하지 않는다면 생육 중 피해는 크지 않다. 저장중의 피해를 방지하기 위해서는 수확 직후 햇볕에 잘 건조시켜 응애를 죽임으로써 구근에 잔류되는 응애 밀도를 줄이고 상처입지 않은 건전한 종구을 골라 통풍이 잘 되는 곳에 보관한다. 다발생 지역에서는 마늘, 파, 양파 등의 연작을 회피하고 산성 토양은 석회를 시용하여 토양 산도를 교정하며 응애 증식을 조장하는 미숙퇴구비를 시용하지 말아야 한다.

▲ 뿌리응애 성충과 약충

▲ 뿌리응애에 의한 뿌리의 피해

▲ 뿌리응애 집단

08 파잎벌레

(*Galeruca extensa Motschulsky*, stone leek leaf beetle)

▲ 번데기

▲ 파잎벌레 성충

▲ 가해중인 유충

형태 성충은 11~12mm 정도이며, 전체적으로 둥글고 번데기는 약간 큰 갈색~검은색의 잎벌레이다. 등딱지에 4쌍의 융기선이 있고 머리와 앞가슴 등판에 많은 점각이 나 있다. 몸은 중앙부 뒤쪽이 가장 넓고 이후 급격히 좁아진다. 유충의 몸은 검은색이며, 머리는 광택이 나고 은색의 가는 털이 나 있다. 몸은 중앙부가 가장 넓고 머리와 배끝은 가늘다. 각 마디에 있는 2개의 검은색 돌기에 5~8개의 옅은 갈색 털이 나 있다.

피해 유충이 파나 양파의 잎을 중간에서 자르고 식해하며, 성충도 잎을 식해한다. 유충과 성충의 동작이 굼뜨며, 유충을 건드리면 황색의 냄새나는 액체를 분비한다.

생태 연 1회 발생하며, 하부엽이나 뿌리 근처 땅 속에서 알로 월동하다가 4월 중하순에 부화한다. 깨어난 유충은 섭식하기 시작하여 5월 중하순에 노숙유충이 되고 기주 식물의 뿌리 근처 등 적당한 장소에 고치를 짓고 번데기가 된다. 약 1주일 후 성충으로 우화하여 부근에서 가해하다가 9월경에 교미, 산란한다. 알에는 검은색 분비물이 발라져 있으며, 3회 정도에 걸쳐 200개 정도 산란한다.

09 알락수염노린재

(*Dolycoris baccarum* Linnaeus)

▲ 알락수염노린재 암컷성충과 알

▲ 알락수염노린재 5령유충

▲ 알락수염노린재 알 및 부화유충

형태 노린재과. 성충은 몸길이가 11~13mm이고, 몸은 적갈색내지 황갈색이다. 약간 세로로 긴 6각형이며, 검은색의 점각과 흰색의 가는 털로 덮여있다. 더듬이는 흑과 백의 얼룩이 있으며, 그것을 흔드는 성질이 있다. 알은 원통형으로 길이가 약 1.2mm이며, 알무더기는 다각형이다. 어린 유충에서 중령 유충은 머리와 가슴이 검은색이고, 복부는 주로 옅은 황갈색이다. 5령유충은 몸길이가 9mm 내외이다. 머리와 가슴이 회색이고, 복부는 주로 갈색을 띤다. 긴 털이 촘촘하게 나 있다.

피해와 생태 파, 양파 등의 백합과, 국화과, 산형과, 십자화과, 꿀풀과, 벼과, 그 외 다수의 작물에 기생하며, 발육 중인 종실로부터 양분을 흡수한다. 연 2세대로, 월동성충은 3 ~ 4월부터 활동을 시작하며, 1세대 성충은 7 ~ 8월 경, 2세대 성충은 9 ~ 10월경 우화한다. 성충은 11월에 마른 풀이나 낙엽 사이로 이동하여 성충으로 월동한다.

10 파총채벌레

(*Thrips tabaci* Lindeman)

▲ 파총채벌레 암컷성충

형태 성충은 1.3mm 정도로 아주 작은 편이고, 몸은 황갈색에서 어두운 갈색을 띠며, 겹눈은 붉은색이다. 2쌍의 날개는 가는 막대기모양으로 가장자리를 따라 긴 털이 규칙적으로 나 있어 마치 총채같은 모양이다. 날개를 사용하지 않을 때에는 나란히 접고 있다. 알은 0.3mm 정도의 짧은 바나나모양으로 작물의 조직 속에 들어 있다

피해 파, 양파, 등 채소류, 화훼류에 널리 발생하는 총채벌레로서, 약충과 성충이 즙액을 빨아먹은 부분이 군데군데 황백색으로 변하며 생육이 불량해진다. 발생이 심하면 식물 전체의 색깔이 변하며 말라죽는다. 여름철 건조할 때 발생이 많아 피해가 증가한다. 성충과 유충이 주로 잎을 식해하여 스침 모양의 흰 반점을 만든다. 본 종의 발생최성기의 하나인 5월 중하순에 지상부의 생육이 끝나가고 있으므로 직접적인 피해는 적다. 발생시기와 양파의 생육초기가 일치하기 때문에 밀도가 높게 되고, 순이 전개하지 않으며, 포기 전체가 시들어 고사한다. 생육중기 이후에도 잎 전체가 하얗게 변하고, 구의 비대불량을 가져오므로 피해가 크다.

생태 양파, 파, 부추, 마늘의 백합과 이외에 십자화과, 박과, 국화과, 가지과, 장미과 등 매우 광범한 식물에 기생하여 가해한다. 작물체 가까운 곳의 지표 아래나 잡초 사이에서 성충으로 월동하며, 봄부터 가을까지 불규칙하게 계속 발생한다. 특히 여름에 번식력이 왕성하여 밀도 증가가 매우 빠르며, 연 10회 이상 발생한다. 암컷은 식물 표피조직 내에 20~170개의 알을 낳고, 산란된 알은 5~7일 후 부화한다. 유충은 6~7일 정도 땅 위에서 식물의 겉껍질을 갉아 먹으며 가해하다가 발육이 끝나면 뿌리 근처의 땅 속으로 들어가 번데기가 된다. 용화 후 1주일 정도 경과한 뒤 성충으로 우화한다.

방제 친환경 등록약제를 작물체에 충분히 뿌려준다.

▲ 파총채벌레 암컷성충(연한색 형)

▲ 파총채벌레 암컷성충(어두운색 형)

▲ 파총채벌레 암컷성충(옅은색 형)

▲ 파총채벌레 제1번데기

▲ 파총채벌레 2령유충

11 꼭지매미충

(*Macrosteles striifrons* Anufriev)

▲ 꼭지매미충 암컷성충

▲ 꼭지매미충 암컷성충

▲ 꼭지매미충 암컷성충

형태 매미충과. 성충의 몸길이는 날개 끝까지 3~5mm이고, 몸색은 옅은 회황색이다. 머리는 선황색으로 정수리의 뒷가장자리 부근과 소순판의 기부에 각각 2개의 검은색 원무늬가 있다.

피해와 생태 성충과 유충 모두 흡즙하지만, 채소의 직접적인 가해는 거의 없으며, 파이토플라스마병의 매개자로 중요하다. 본 종이 매개하는 백합과 채소의 병해로는 양파 위황병이 있다.

12 파혹진딧물

(*Neotoxoptera formosana* Takahashi)

▲ 파혹진딧물 성충과 유충

▲ 파혹진딧물에 의한 피해

형태 무시태생 암컷의 몸길이는 1.8~2.0mm이며, 몸은 흑갈색으로 광택이 있다. 더듬이는 6마디로 몸길이보다 길다. 뿔관은 황갈색이며, 끝 절반부는 약간 팽대해 있다. 유시태생 암컷은 흑갈색으로 광택이 있으며, 몸길이가 약 2mm이다. 날개는 시맥을 따라 검고 흐릿한 부분이 있다. 복부 등면의 중앙부에는 큰 반점무늬가, 7~8번째 마디에는 띠모양의 무늬가 있고, 복부 옆면에도 5쌍의 반점무늬가 있다.

피해 파, 양파, 부추의 잎에 모여 흡즙하며, 대발생하면 생장을 저해한다. 때때로 마르는 경우도 있다. 또한 파 위축병을 매개한다.

생태 생활사는 밝혀지지 않은 점이 많지만, 6월경에 파, 양파에 대발생하는 경우가 있다. 가을철부터 겨울철에는 무시태생 암컷으로 생활한다. 달래 등의 야생풀에도 기생한다.

방제 증식력이 높은 해충으로 수시로 예찰하여 발생초기에 방제해야 하며 약제 저항성 발달을 억제하기 위하여 계통이 다른 약제를 번갈아 살포해야 한다. 진딧물의 생물적 방제인자인 천적 무당벌레, 풀잠자리, 진디벌, 혹파리 등을 보호해야 한다.

13 파좀나방

(*Acrolepiopsis sapporensis* Matsumura)

▲ 파좀나방 성충

형태 파좀나방과. 성충은 날개를 편 길이가 9mm 내외이며, 전체적으로 회흑색이다. 정지 시에 몸을 감싸듯이 날개를 겹치며, 앞 날개의 뒷 가장자리 중앙에 있는 흰색 반점이 등면 중앙에 드러난다. 알의 길이는 0.7mm로 짧은 타원형이고, 유백색이다. 노숙유충은 몸길이가 7~9mm이고, 옅은 녹색으로 갈색의 줄무늬가 있으며, 가는 털이 드문드문 나 있다. 번데기는 몸길이가 6mm 내외이고, 레이스 모양의 고치 속에 있으며, 옅은 흑갈색이다. 각 태 모두 배추좀나방과 유사하지만, 작다.

가해 및 발생생태 유충은 파, 양파, 부추, 마늘, 달래 등 파속 식물의 잎을 식해 한다. 부화유충은 엽육 속으로 잠입하여 식해하고, 생육이 진행되면 잎의 안쪽에서 식해 한다. 잎에는 처음에 작은 흰 점이나 약간 구불구불한 선모양의 흰색 반점이 나타나며, 곧바로 불규칙한 흰색 반점 혹은 투명한 반점이 된다. 발생이 많으면 잎 전체가 하얗게 변하여 고사한다. 유충은 충분히 성장하면 잎의 표면으로 나오며, 거친 고치를 짓고 번데기가 된다. 성충으로 월동하며 년 8세대 이상 발생한다.

방제 봄부터 가을까지 발생하나 여름에 발생량이 가장 많다. 연간 발생횟수가 많아 부화유충이 식물체 잎속으로 들어가기 전인 발생초기에 방제한 것이 효과적이다.

▲ 파좀나방 유충

▲ 파좀나방 번데기

▲ 파좀나방 피해

▲ 파좀나방 피해

14 도둑나방

(*Mamestra brassicae* Linnaeus)

▲ 도둑나방 채색변이

▲ 도둑나방 성충

형태 밤나방과. 성충의 날개편길이는 40~47mm이고 전체가 회갈색~흑갈색이며, 앞날개에 흑백의 복잡한 무늬가 있다. 유충은 녹색 또는 흑록색으로 색채변이가 심하다. 노숙유충은 40mm로서 머리는 담록~황갈색, 몸은 회흑색에 암갈색 반점이 많아 지저분하게 보이며, 기주식물 및 온도에 따라 녹색을 띠는 경우도 있다. 봄, 여름에는 암갈색, 가을에는 회흑색을 띠는 개체가 많다. 번데기는 18~25mm로 적갈색이다.

피해와 생태 광식성으로 각종 채소 외에 벼과를 제외한 대부분 작물의 잎을 식해한다. 특히 봄, 가을에 피해가 심하고, 결구채소의 속으로 파고 들어가며 식해하기도 한다. 연 2회 발생하며 번데기로 겨울을 난다. 1회 성충은 4~6월에 주로 발생하며 여름 고온기에는 번데기로 하면하고 2회 성충은 해질 무렵부터 활동하기 시작하여 오전 7시경 산란하고 낮에는 마른 잎 사이에 숨어 지낸다. 3령 유충까지는 무리지어 가해하다가 4령 이후 분산, 독자적으로 생활한다. 노숙하면 땅 속에서 번데기가 된다. 어린 유충은 잎 뒷면에서 잎살만 갉아먹지만 자라면서 잎 전체를 폭식하므로 피해받은 작물은 엽맥만 남는 경우도 있다. 유충기간은 약 40~45일 정도이다

방제 유충이 자라면서 생리적으로는 살충제에 견디는 능력이 강해지고, 생태적으로는 배추, 양배추 포기 속으로 파고 들어가므로 약제에 노출될 기회가 감소하여 방제하기 어려워진다. 이를 막기 위해서는 적절한 약제를 발생 초기에 처리하면 효과가 있다.

▲ 도둑나방 성충

▲ 도둑나방 종령유충

▲ 도둑나방 종령유충

도둑나방

▲ 도둑나방 유충

▲ 도둑나방 약령유충

▲ 도둑나방 부화유충 무리

▲ 도둑나방 알 무더기

▲ 도둑나방 알무더기

▲ 도둑나방 알무더기

15 파밤나방

(*Spodoptera exigua* Hübner)

▲ 위: 암컷 / 아래: 수컷

▲ 파밤나방 암컷성충

형태 성충은 15~20mm, 날개편길이 25~30mm 정도 이다. 앞날개는 폭이 좁은 황갈색이며, 중앙에 연한 점이 있고 옆에 콩팥무늬가 있다. 뒷날개는 희고 반투명하다. 노숙유충은 35mm 정도이며 녹색인 경우가 많다. 번데기 는 15~20mm의 방추형으로 밝은 적갈색이다

피해와 생태 광식성 해충으로, 노지에서 연 4~5회 발생한다. 국내 대부분의 지역에서 7월 이후 대량 발생하며 기온이 떨어지면 그 피해도 줄어든다. 파의 경우 잎 표면에 성충이 20~50개씩의 알을 무더기로 산란하며, 알에서 깨어난 어린 유충 은 표피에서 엽육을 갉아먹지만 2~3령으로 자라면서 파 속으로 들어가 안쪽에서 표피쪽만 남기면서 가해하다가 4~5령이 되면 잎 전체에 큰 구멍을 뚫으면서 가해한다

방제 같은 속의 담배거세미나방과 함께 약제 저항성이 강한 해충으로 세계적으로 유명하며, 국내에서도 이들 해충의 방제에 어려움을 겪고 있다. 비교적 어린 1~2령 유 충기간에는 약제에 대한 감수성이 있는 편이지만, 3령 이후의 노숙유충이 되면서 약제에 대한 내성이 증가한다. 따라서 포장을 잘 관찰하여 발생 초기에 전용 약제를 5~7일 간격으로 2~3회 살포하는 것이 좋다.

▲ 파밤나방 종령유충

▲ 파밤나방 유충

▲ 파밤나방 유충에 의한 피해

16 담배거세미나방

(*Spodoptera litura* Fabricius)

▲ 담배거세미나방 성충

▲ 위: 암컷 / 아래: 수컷

형태 밤나방과. 성충은 앞날개 길이가 16~17mm로 앞날개는 흑갈색이고, 비스듬하게 교차하는 몇 줄의 옅은 갈색 줄무늬가 눈에 띈다. 노숙유충은 몸길이가 40mm 내외로 몸색은 회암록색이나 어두운 갈색 등 변화가 많다.

피해와 생태 채소, 과수, 화훼, 특용작물, 사료 작물, 정원수, 잡초, 가로수 등 약 40과 100종 이상의 식물을 가해하는 광식성 해충이다. 채소류에서는 특히 배추, 고추, 파, 양파 등에 피해가 많다. 고추에서는 담배나방과 같은 피해를 주며, 파에서는 같은 속의 파밤나방과 혼재되어 피해를 주는 경우가 많다. 부화유충은 집단으로 잎 뒷면에서 표피를 남기고 식해하며, 그 후 분산하여 1개소에 몇 마리가 식해한다. 중령 이후는 낮에 그늘이나 지제부 등에 숨어 있다가 주로 야간에 활동하여 엽맥이나 잎자루만을 남기고 폭식하는 야도충류이다. 성충은 우화 후 2~5일 동안 1,000~2,000개의 알을 100~300개씩의 난괴로 잎 뒷면에 산란한다. 난괴는 암컷의 복부 끝에서 떨어진 털모양의 인편으로 덮여 있다. 산란수는 고온과 저습에 반비례(30℃, 상대습도 90%에서 960개, 35℃, 상대습도 30%에서 145개)하며, 알은 상온 에서 4일 후, 겨울에는 11~12일 후 부화한다.

방제 생물적 방제로는 고치벌, 맵시벌, 깡충좀벌 같은 기생천적을 이용하고, 미생물 천적으로 핵다각체바이러스(NPV), 세균(Bt), 곰팡이, 선충 등을 이용하여 방제한다.

▲ 알무더기와 부화유충

▲ 담배거세미나방 유충

▲ 담배거세미나방 어린유충

▲ 담배거세미나방 유충

17 채소바구미

(*Listroderes costirostris* Schoenherr)

▲ 채소바구미 성충

▲ 채소바구미 성충

▲ 채소바구미 노령유충

형태 바구미과. 성충은 몸길이가 9mm 내외이고, 전체적으로 칙칙한 회갈색이다. 종령유충은 몸길이가 12mm 내외이고, 등면이 융기해 있으며, 배쪽면에 육질돌기가 있는 땅딸막한 체형으로 몸색은 유백색이거나 옅은 녹색이다.

피해와 생태 성충과 유충 모두 기주범위가 넓어 파, 양파, 그 외 각종 채소류의 경엽을 식해한다.

▲ 채소바구미 종령유충

▲ 채소바구미 유충

▲ 채소바구미 유충과 식해흔적

▲ 채소바구미에 의한 배추의 피해

18 알뿌리꽃등에

(*Eumerus strigatus* Fallen)

▲ 알뿌리꽃등에 성충

형태 꽃등에과. 성충은 몸길이가 7 ~ 8mm이고, 전체가 흑색이다. 가슴 등면에는 약간 구리색의 광택이 있다. 복부에는 쌍으로 된 회백색의 사선무늬가 있다. 노숙유충은 몸길이가 10mm 내외이고, 오염된 황색이다. 꼬리 끝에는 등색의 후기문 돌기가 있다. 번데기는 몸길이가 7mm 내외이고, 쌀섬모양으로 어두운 갈색이다.

피해와 생태 유충이 양파, 감자 등 지하부 외에 수선, 아마릴리스, 백합 등 구근, 화훼, 도라지 등 숙근초를 가해한다. 여름에 재배하는 양파의 구경이 부패하고 악취를 낸다. 부패부위에 황색의 애벌레가 수십 마리씩 있다. 땅속의 잔재물에 산란하고 부화한 애벌레는 바로 구근에 파고들어 내부를 가해한다. 노숙유충은 밖으로 탈출하여 땅에서 고치를 형성하고 번데기가 된다. 양파의 절편을 이용하여 성충을 유살하는 한편, 발생소장을 알 수 있다. 기주식물의 생육후기에 잎이 붙은 뿌리나 구근의 경부에 산란한다, 부화유충은 구근의 정상부에서 먹어 들어가 인편을 식해한다. 연 2회 발생하는 것으로 생각되며, 성충은 5 ~ 6월과 9 ~ 10월에 나타난다.

방제 마늘, 양파 등에 등록된 고자리파리나 뿌리응애 약제를 병행하여 사용하면 효과적으로 방제할 수 있다. 묘상이나 정식포장에는 약제를 토양처리 하면 유충의 기생 및 가해를 막을 수 있고 진딧물류, 총채벌레, 뿌리응애의 방제에도 유효하다.

▲ 알뿌리꽃등에 성충

▲ 알뿌리꽃등에 유충

▲ 알뿌리꽃등에 유충

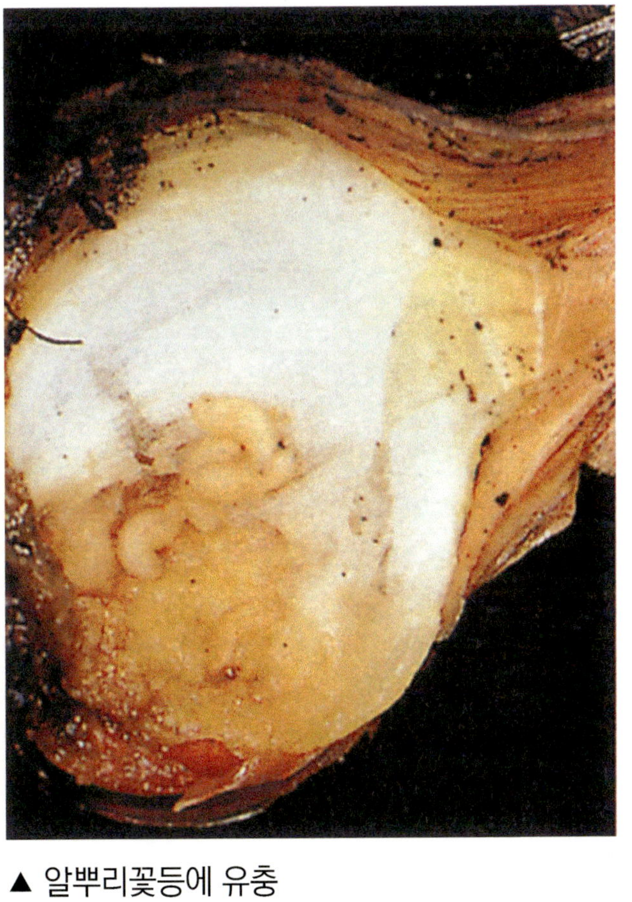

▲ 알뿌리꽃등에 유충

19 파굴파리

(*Liriomyza chinensis* Kato)

▲ 파굴파리 성충

형태 굴파리과. 성충은 몸길이가 1.7 ~ 2mm이고, 가슴과 복부는 검은색이지만, 회백색 가루로 덮여 있다. 다른 부분은 황색이다. 더듬이 3번째 마디의 끝이 등쪽으로 뾰족하다는 점이 본 속의 다른 종(전체가 원형)과 구별된다. 알은 흰색이며, 긴 타원형이다. 유충은 충분히 성장하면 4mm 내외이다. 몸의 앞뒤에 유두모양의 기문이 있다. 번데기는 몸길이가 3mm 내외로 황갈색이다.

피해 유충이 파잎 속에 굴을 파고 돌아다니면서 파좀나방처럼 불규칙한 흰 줄 모양의 굴을 만든다. 피해를 받은 부분은 백색으로 변하며 까보면 유충을 쉽게 볼 수 있다. 특히 여름에서 가을까지 피해가 심하며, 여러 마리가 발생하면 잎 전체가 하얗게 변색되고 어린 묘는 말라죽기도 한다. 묘에서는 유충이 엽초부에 기생하고 이 부분부터 마르기 때문에 치명적인 피해를 받는데 봄에 묘판에서 고사하는 개체를 많이 발견할 수 있다. 생육중인 양파는 고사하지는 않지만 잎의 기능이 저하하여 생육이 나빠진다.

생태 여름부터 가을까지 전국에서 발생하며, 성충은 4 월부터 나타나는데 10월까지 연 4~5회 정도 발생한다. 발생 최성기는 7월 상순, 8월 상순, 9월 하순이다. 겨울에는 땅 속에서 번데기로 월동하며, 4~5월경 우화한 성충이 교미하고 잎 조직 내에 점 형태로 산란한다. 알은 백색으로 장타원형이며 알 기간은 20℃, 25℃, 30℃에서 각각 4.5 일, 2.9일, 1.9일이다. 부화유충은 동작은 둔하지만 표피를 남겨 놓고 잎에 굴을 뚫어가면서 엽육을 가해하거나 잎의 내벽에 붙어서 엽육을 가해한다. 다 자란 유충은 잎의 표피를 뚫고 나와 땅에 떨어져 토양 중에서 용화한다.

방제 이식 전 또는 발생 초기에 카보입제를 10a당 5kg을 1회 이내로 뿌리거나 발생 초기에 물 20에 칼탑수용 제 20g을 타서 약액이 충분히 묻도록 골고루 뿌리는데 6회 이내로 제한하여 사용한다.

▲ 파굴파리 유충

▲ 파굴파리에 의한 피해

20 고자리파리

(*Delia antiqua* Meigen)

▲ 고자리파리 성충

▲ 고자리파리 유충

형태 파리목 꽃파리과의 해충으로 성충의 몸길이는 5 ~ 7mm이고, 몸색은 회황색이다. 날개는 투명하고, 약간 어두운 황색을 띤다. 씨고자리파리와 유사하지만, 복부 등면에 검은색 중앙선이 없다. 알은 길이가 약 1.5mm이고, 긴 타원형으로 유백색이다. 유충은 성장하면 몸길이가 10mm내외이고, 앞쪽은 가늘며, 몸은 유백색이다. 번데기는 몸길이가 6mm내외이고, 방추형으로 적갈색이다.

가해 및 발생생태 유충인 구더기가 양파 줄기의 밑 부분을 파먹어 들어가 지하부의 인경을 가해하는데 피해를 받은 식물체는 광택을 잃고 시들며 점차 황변 하여 말라죽는다. 연 2~4회 발생하며 번데기로 월동 한다. 유충은 부패병균을 매개하여 세균에 의해 가해 부위를 부패시키므로 직간접으로 피해를 준다.

파, 양파, 부추, 마늘, 염교 등에 피해가 있다. 지하의 인경부위로 먹어 들어가 부패를 일으키기 때문에 피해가 크게 된다. 성충은 낮에 파속의 특유한 냄새에 유인되어 그루터기나 부근의 흙 틈에 수 개씩 다져 산란한다. 부화유충은 땅속에서 활발하게 이동하여 기주식물의 뿌리를 찾는다. 처음에 잔뿌리를 먹지만, 점차 인경으로 이동하여 심하게 식해한다. 충분히 성장하면 땅속에서 번데기가 된다.

방제 미숙 퇴비시용을 피하고 생육뒤에 유충의 피해가 발생되었으면 피해주는 뽑아낸다.

▲ 고자리파리 유충에 의한 피해

▲ 고자리파리 유충에 의한 피해

▲ 고자리파리 피해

21 씨고자리파리

(*Delia platura* Meigen)

▲ 씨고자리파리 성충

형태 파리목 꽃파리과로 고자리파리와 형태가 비슷하여 혼동하기 쉬우나 대개 씨고자리파리가 고자리파리보다 작다. 성충은 몸길이가 4~6mm이고, 몸색은 회색내지 갈색이다. 유충은 성장하면 몸길이가 10mm 내외로 유백색이다.

가해 및 발생생태 파종한지 얼마 되지 않은 종자나 발아한지 얼마 되지 않은 유묘의 지제부로 먹어 들어가 가해한다. 유충이 인경의 생장점으로 먹어 들어간다. 육묘하우스에서 유충이 먹어 들어간 묘가 반입되면, 이식 후부터 묘의 시들음과 고사가 발생한다. 알에서 깨어난 애벌레는 뿌리부위인 뿌리와 엽초기부 및 인경부위를 가해하는데 피해를 심하게 받은 기주는 아래 잎부터 노랗게 변하면서 시들고 쓰러지거나 말라죽는다. 피해받은 인경이나 자구는 병원균의 침입으로 썩게되어 씨고자리파리, 뿌리응애 및 기타 병해가 혼재되어 발생한다. 경운한지 얼마 되지 않은 습한 기운이 있는 밭에 모여들어 흙덩이 속에 산란한다.

방제 잘 썩지 않는 퇴비나 축비를 사용하면 토양에서 부숙될 때 발생하는 냄새 때문에 파리가 유인되므로 완전히 부숙된 것을 사용하는 것이 좋다. 토양해충으로 파종 전 약제의 토양처리가 필요하다. 월동 후에는 애벌레가 3월 중순에 가장 많으므로 3월 상순경에 약효가 긴 적용약제를 처리한다.

▲ 씨고자리파리 성충

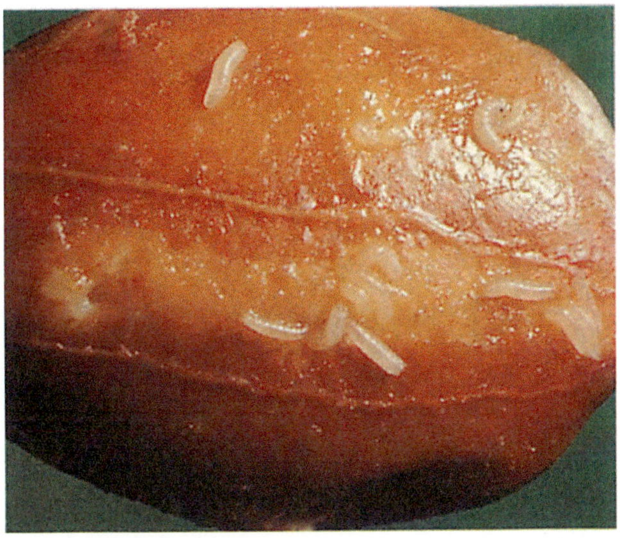
▲ 씨고자리파리 유충

▲ 씨고자리파리 유충

▲ 지표부근에 산란한 알

▲ 씨고자리파리 유충과 식해흔적

▲ 씨고자리파리 유충과 피해

양파 생리장애

[Physiological stress]

01 추대

증상 추대는 저온에 의하여 꽃눈이 분화하여 생육 중에 꽃대가 올라오는 현상으로서 가을에 정식하여 겨울을 지나는 추파재배에서는 2월 하순~3월 상순경에 꽃눈이 분화되고, 고온장일에 의하여 추대된다. 파종기 또는 정식기가 빨랐거나, 육묘기간이 길었거나, 겨울에 따뜻한 기온으로 과도하게 자란 묘에서 많이 발생하며, 품종 및 영양 상태에 따라서도 차이가 많다. 추대가 발생한 양파는 구 내부에 추대경의 심이 박혀 있어 상품성이 없어지고, 만생종의 경우 구의 비대도 더 이상 진행되지 않는다.

대책 양파의 추대현상을 예방하기 위해서는 파종기와 정식기 등 적정 시기를 정확히 조절하고, 육묘기간이 너무 길지 않도록 관리해야 한다. 또한, 겨울 육묘기에 적정온도를 유지해 줌으로써 묘가 과도하게 자라지 않도록 해야 하며, 추대가 잘 발생하지 않는 품종의 선택, 균형 시비 등도 매우 중요하다.

02 분구

증상 분구는 2개 또는 그 이상으로 생장점이 분화하여 각각 독립적으로 분리되어 인경을 형성하는 것으로서 추파재배에서는 가을과 봄에 2차에 걸쳐 생장점의 분기에 의하여 발생하며, 가을에 분할된 생장점은 새 잎이 나와 다음 해 봄부터 2~3개로 나뉘어져 각각의 개체로 인경이 비대한다. 그러나 봄 에 분구하는 것은 가을에 분구하는 것과 같이 완전한 분할구는 되지 않고 오히려 구의 크기를 크게 하는 요인이 되는 경우가 많다. 또한, 분구는 유전적인 요인이 많지만 대묘에서 발생하기 쉽고, 파종시기 및 정식기가 빠르거나 겨울이 따뜻할 때 많이 발생한다.

대책 양파의 분구 원인은 추대에서의 경우와 유사하며, 따라서 분구의 발생률을 줄이기 위해서는 파종기와 정식기 등 적정 시기의 조절, 육묘기간 및 육묘기 온도환경의 최적화를 통한 묘의 과도한 생장 억제, 분구가 잘 발생하지 않는 품종의 선택, 균형 시비 등이 중요하다.

벼
감자
양파

핵심재배법
병해충방제

인 쇄 2020년 2월 10일
발 행 2020년 2월 15일

지은이 차광홍 · 정우진 · 김길용
발행처 학술정보센터 · 전남대학교 친환경농업연구소
기 획 학술정보센터

신고번호 제 2018-000065호
제 작 학술정보센터
주 소 서울시 강서구 개화동로 8길 38
홈페이지 www.dogamnara.co.kr 학술정보센터 도감나라
전 화 02-878-0538
팩 스 02-878-0937
ISBN 978-89-94174-16-7

사사

본 결과물은 농림축산식품부의 재원으로 농림식품기술기획평가원의 농생명산업 기술개발사업의 지원을 받아 연구되었음(no316032-5)